Strangpressen schraubenförmiger Profile am Beispiel von Schraubenrotoren

Von der Fakultät Maschinenbau
der Technischen Universität Dortmund
zur Erlangung des Grades
Doktor-Ingenieur
genehmigte Dissertation

von

Dipl.-Ing. Noomane Ben Khalifa
aus
Herne

2012

Berichter:	Prof. Dr.-Ing. A. Erman Tekkaya
	Prof. Dr.-Ing. Matthias Kleiner
Mitberichter:	Prof. Dr.-Ing. Heinz Palkowski
Tag der mündlichen Prüfung:	05. März 2012

Dortmunder Umformtechnik

Noomane Ben Khalifa

Strangpressen schraubenförmiger Profile am Beispiel von Schraubenrotoren

D 290 (Diss. Technische Universität Dortmund)

Shaker Verlag
Aachen 2012

Bibliografische Information der Deutschen Nationalbibliothek
Die Deutsche Nationalbibliothek verzeichnet diese Publikation in der Deutschen Nationalbibliografie; detaillierte bibliografische Daten sind im Internet über http://dnb.d-nb.de abrufbar.

Zugl.: Dortmund, Technische Univ., Diss., 2012

Copyright Shaker Verlag 2012
Alle Rechte, auch das des auszugsweisen Nachdruckes, der auszugsweisen oder vollständigen Wiedergabe, der Speicherung in Datenverarbeitungs-
anlagen und der Übersetzung, vorbehalten.

Printed in Germany.

ISBN 978-3-8440-0969-9
ISSN 1619-6317

Shaker Verlag GmbH • Postfach 101818 • 52018 Aachen
Telefon: 02407 / 95 96 - 0 • Telefax: 02407 / 95 96 - 9
Internet: www.shaker.de • E-Mail: info@shaker.de

Danksagung

Die vorliegende Doktorarbeit ist während meiner Tätigkeit als wissenschaftlicher Mitarbeiter am Institut für Umformtechnik und Leichtbau der TU Dortmund entstanden. Zunächst bedanke ich mich bei Herrn Professor A. Erman Tekkaya sowie Herrn Professor Matthias Kleiner, den Institutsleitern, die meinen wissenschaftlichen Werdegang und die Anfertigung dieser Arbeit ermöglicht und stets gefördert haben. Ihr Vertrauen und ihre Unterstützung waren eine wichtige Voraussetzung für das Gelingen dieser Arbeit.

Weiterhin bedanke ich mich bei Herrn Professor Heinz Palkowski für die Übernahme des Korreferats.

Für die sehr freundliche und angenehme Arbeitsatmosphäre und die tatkräftige Unterstützung gilt mein Dank allen Mitarbeiterinnen und Mitarbeitern des Instituts und insbesondere den Kolleginnen und Kollegen aus der Abteilung Massivumformung. Mein besonderer Dank gilt den Herren Daniel Pietzka und Andreas Jäger, die mich durch ihre Diskussionsbereitschaft sowie bei den Versuchsdurchführungen unterstützt haben. Weiterhin möchte ich meinen Kollegen, den Herren Dr.-Ing. habil. Sami Chatti und Junior Professor Dr.-Ing. Alexander Brosius für ihre tatkräftige Unterstützung seit Beginn meiner Tätigkeit am Institut herzlich danken.

Darüber hinaus möchte ich mich bei allen technischen Mitarbeitern bedanken, insbesondere bei Herrn Frank Volk, die mir beim Aufbau der Versuchsstände sowie bei der Versuchsdurchführung geholfen haben. Ebenso danke ich Herrn Michael Szymanski, der mich im Rahmen seiner Tätigkeit als studentische Hilfskraft und seiner Bachelorarbeit am Institut bei den Konstruktionen und Auswertungen der Versuchsergebnisse unterstützt hat. Weiterhin danke ich Frau Beate Ulm-Brandt für die Korrektur meiner Arbeit.

Nicht zuletzt möchte ich mich herzlich bei meiner Familie für ihre stetige Unterstützung bedanken, ohne die die Erstellung meiner Arbeit nicht möglich gewesen wäre. Insbesondere danke ich meine Ehefrau, Urszula Ben Khalifa, von ganzem Herzen dafür, dass Sie mir stets zur Seite stand und mir den Rücken in der heißen Phase der Erstellung dieser Arbeit freigehalten hat. Diese Arbeit widme ich ihr sowie unserer Tochter Ines.

Inhaltsverzeichnis

Formelzeichen und Abkürzungen i
Kurzzusammenfassung iii
Abstract iv
1   Einleitung 1
2   Stand der Technik 3
    2.1   Strangpressen 3
        2.1.1   Grundlagen des Strangpressens 3
        2.1.2   Berechnung der Kräfte beim Strangpressen 5
        2.1.3   Strangpressverfahren... 8
        2.1.4   Werkstofffluss und Tribologie beim Strangpressen 11
    2.2   Umformende Herstellung von schraubenförmigen Profilen/ Bauteilen 19
        2.2.1   Fließpressen von Schrägverzahnungen 20
        2.2.2   Strangpressen von Rohren mit dünnwandiger Verzahnung ... 21
        2.2.3   Strangpressen mit rotierender Matrize 23
        2.2.4   Strangpressen von schraubenförmigen Rohren 23
        2.2.5   Verdrehen 24
    2.3   Einsatz von Schraubenrotoren 27
    2.4   Fazit zum Stand der Technik 30
3   Zielsetzung der Arbeit 31
4   Alternative Fertigungsverfahren 33
    4.1   Innenhochdruckumformen 34
        4.1.1   Versuchsplan 36
        4.1.2   Modellierung 37
        4.1.3   Ergebnisse der numerischen Untersuchungen 38
        4.1.4   Diskussion der Ergebnisse 42
    4.2   Verdrehen von Profilen 43
        4.2.1   Modellierung 44
        4.2.2   Ergebnisse der numerischen Untersuchungen 45
        4.2.3   Experimentelle Verifikation 47
    4.3   Bewertung der Verfahren und Zusammenfassung 50

5	Externes Tordieren beim Strangpressen	53
	5.1 Entwicklung eines Versuchsstandes	54
	5.1.1 Strangpressen	54
	5.1.2 Entwicklung und Realisierung von Führungswerkzeugen	55
	5.2 Experimentelle Verfahrensanalyse	62
	5.2.1 Analyse des Spannungszustandes	62
	5.2.2 Herstellung von Schraubenrotoren	69
	5.3 Fazit zum Kapitel 5	73
6	**Internes Tordieren beim Strangpressen**	**75**
	6.1 Verfahrensprinzip und Werkzeugkonzept	75
	6.2 Erprobung und Modifikation des Matrizenkonzeptes	76
	6.2.1 Versuchsdurchführung und Ergebnisse	76
	6.2.2 Werkstoffflussanalyse mithilfe der FEM	77
	6.2.3 Numerisch gestützte Optimierung des Werkstoffflusses durch Matrizenneugestaltung	82
	6.3 Signifikante Einflussfaktoren für den Steigungswinkel	85
	6.3.1 Numerische Analyse der signifikanten Einflussfaktoren	88
	6.3.2 Validierung und Diskussion der Ergebnisse	96
	6.4 Fazit zum Kapitel 6	98
7	**Erhöhung des Steigungswinkels**	**101**
	7.1 Reduzierung der Reibung	101
	7.1.1 Versuchsdurchführung	102
	7.1.2 Versuchsergebnisse	104
	7.2 Strangpressen von Hohlprofilen	107
	7.3 Verfahrenskombination	109
	7.4 Fazit zum Kapitel 7	110
8	**Zusammenfassung und Ausblick**	**111**
Literatur		**115**
Anhang		**121**

Formelzeichen und Abkürzungen

Formelzeichen

$\bar{k}_f$	N/mm²	Mittlere Fließspannung (in der Umformzone)
A	mm²	Profilquerschnittsfläche
A_0	mm²	Blockquerschnittsfläche
b	mm	Breite
d_0	mm	Rezipientendurchmesser
d_u	mm	Profilkreisdurchmesser
F	N	Kraft
F_M	N	Axialkraft auf Matrize
F_R	N	Reibkraft
F_{St}	N	Stempelkraft
F_{id}	N	Ideelle Umformkraft
k_f	N/mm²	Fließspannung
l	mm	Länge
l_0	mm	Aufgestauchte Blocklänge
L_v	mm	Verdrehlänge
L_f	mm	Länge der Führungsfläche an der Matrize
L_h	mm	Hebelarm
L_P	mm	Probenlänge
l_R	mm	Pressresthöhe
M	Nm	Drehmoment
M_t	Nm	Drehmoment beim Torsionsversuch
M_T	Nm	Torsionsmoment am Profil
n_F	min⁻¹	Drehzahl des Führungswerkzeugs
n	s⁻¹	Drehzahl
q	-	Werkstoffexponent
r	mm	Radius
r_a	mm	Außenradius
r_i	mm	Innenradius
s	mm	Profildicke
s_1	mm	Stauchweg

s_{St}	mm	Stempelweg
t	s	Zeit
T	°C	Umformtemperatur
U	-	Anzahl von Umdrehungen
V	mm³	Volumen
v_l	mm/s	Stranggeschwindigkeit
v_0	mm/s	Stempelgeschwindigkeit
W_T	mm³	Torsionswiderstandsmoment
Φ	°	Verdrehwinkel beim Torsionsversuch
α	°	Verdrehwinkel der einzelnen Führungselemente
γ_R	°	Scherung bei Radius R
R	-	Pressverhältnis
σ	N/mm²	Spannung
σ_v	N/mm²	Vergleichsspannung
σ_x	N/mm²	Normalspannung in x-Richtung
σ_y	N/mm²	Normalspannung in y-Richtung
σ_z	N/mm²	Normalspannung in z-Richtung
σ_r	N/mm²	Radialspannung
σ_t	N/mm²	Tangentialspannung
τ	N/mm²	Schubspannung
τ_S	N/mm²	Kritische Scherspannung
φ	-	Umformgrad
$\dot{\varphi}$	s⁻¹	Umformgeschwindigkeit

Abkürzungen

CVD	Chemical vapor deposition
FEM	Finite-Elemente-Methode
IHU	Innenhochdruckumformung
IUL	Institut für Umformtechnik und Leichtbau
PVD	Physical vapor deposition

Kurzzusammenfassung

Der Einsatz von Schraubenrotoren in Verdrängermaschinen sowie im Bereich der Versorgung stationärer und mobiler Brennstoffzellen gewinnt zunehmend industrielles Interesse. Diese neuartigen Antriebstechniken bringen mehrere Vorteile mit sich: Kompaktheit, Gewichtsreduzierung und zeitgleich höhere Leistungsdichte. Diesen Vorteilen stehen allerdings die hohen Fertigungskosten und der Fertigungsaufwand gegenüber, was den Einsatz dieser Maschinen in Großserie noch erschwert, sodass die industrielle Anwendung von Schraubenrotoren, insbesondere im Automobilbau, noch stark begrenzt ist. In dieser Arbeit werden alternative Umformverfahren für die Herstellung von schraubenförmigen Profilen grundlegend analysiert: das Innenhochdruckumformen, das Verdrehen sowie das Strangpressen. Die Ergebnisse basieren auf experimentellen und numerischen Untersuchungen. Dabei werden die aktuellen Werkzeugentwicklungen, erreichbaren Steigungswinkel und die Konturgenauigkeit dargestellt und diskutiert. Weiterhin werden die Verfahrenscharakteristika verglichen und die damit verbundenen Grenzen hinsichtlich der Fertigungsgeometrie aufgezeigt.

Der Schwerpunkt dieser Arbeit liegt in der Entwicklung und Untersuchung von zwei neuartigen Verfahrensvarianten des Strangpressens, zum einen im externen Tordieren beim Strangpressen, wodurch der Werkstofffluss mithilfe eines externen Führungswerkzeugs derart umgelenkt wird, dass schraubenförmige Profile erzeugt werden. Zum anderen soll, basierend auf den entwickelten Fließpressverfahren von schraubenförmigen Bauteilen, ein neues Verfahren zum internen Tordieren beim Strangpressen durch eine neuartige Gestaltung von Strangpressmatrizen entwickelt und analysiert werden. Weiterhin sollen die Umformmechanismen bei beiden Verfahrensvarianten analysiert und die Frage beantwortet werden, welche Faktoren die Verdrehung des Werkstoffflusses beeinflussen können.

Abstract

Today, the focus of the development in the transportation sector is on saving weight because this decreases fuel consumption, which, in turn, protects the climate. Therefore, a strategy to accomplish this objective is the development of alternative power trains in vehicles like superchargers, which have a higher energy efficiency and lower weight. Nowadays, screw rotors are first cast and then the end contour is milled and grinded. This process is time consuming as well as expensive. Hence, the aim of this work is to develop and analyze alternative forming processes for the manufacture of profiles with helical shapes. The processes selected and investigated in this work are tube hydroforming, twisting and extrusion. The investigations are based on experimental and numerical analysis. In order to analyze the process ability, the deviations of the twist angle and profile cross section are examined and compared. Finally, the process limits are deduced from this.

The focus of the work is on the development and investigation of two new extrusion processes, the twisted profile extrusion (TPE), in which the material flow is deflected by an external guiding tool, and the helical profile extrusion (HPE), in which a special die with a helical shaped channel is used. The experimental equipment is developed in order to analyze the influencing parameters on the twist angle as well as the process limits.

1 Einleitung

Angesichts des drohenden Klimawandels und der Ressourcenknappheit sind die aktuellen Entwicklungen, insbesondere im Transportsektor, vorrangig darauf fokussiert, den Energie- und Materialbedarf deutlich zu reduzieren. Dabei spielt der Leichtbau eine übergeordnete Rolle, um das Fahrzeuggewicht und damit den Energieverbrauch im Betrieb zu senken. Der Schwerpunkt der Gewichtsreduzierung in der Automobilindustrie liegt heutzutage im Bereich der Karosserie und der Strukturbauteile. Nach Kleiner et al. (2004) werden drei wesentliche Leichtbaustrategien verfolgt: Stoffleichtbau, Formleichtbau und Bedingungsleichtbau. Es zeigte sich in den letzten Jahren, dass das Gewicht der Fahrzeugstruktur durch den Einsatz hochfester Werkstoffe oder durch die Verwendung innovativer Fertigungsverfahren zwar deutlich reduziert werden konnte, allerdings steigen auch die Anforderungen an größerem Komfort und vor allem mehr Sicherheit, was die Gewichtsreduzierung der Fahrzeugstruktur mehr oder weniger ausgleicht.

Eine weitere Möglichkeit zur Senkung des Energieverbrauchs und somit zur Ressourcenschonung stellt die Entwicklung von sparsamen alternativen Antrieben dar, die zum Einen kompakt und leicht sein sollen und zum anderen eine höhere Energieeffizienz aufweisen sollen. Bei der Weiterentwicklung von Verbrennungsmotoren führen beispielsweise die Direkteinspritzung und die Kanaltrennung zur Leistungssteigerung und zur Reduzierung des Verbrauches. Ein weiteres Konzept stellt die Hubraumverkleinerung des konventionellen Verbrennungsmotors dar, indem dieser mit einem zusätzlichen kompakten Aufladeraggregat wie z. B. einem Schraubenlader ausgerüstet wird. Der Einsatz von Schraubenmaschinen im Automobilbau in Form von Kompressoren bringt Vorteile wie Robustheit und Gewichtsreduzierung bei gleichzeitig erhöhter Leistungsdichte mit sich (Temming 2007). Der Schraubenlader kann selbst bei niedrigen Motordrehzahlen einen entsprechenden Ladedruck liefern; somit entspricht die Leistung des kleinen Motors mit zusätzlicher Aufladung der eines größeren Motors bei deutlicher Gewichtsreduktion. Diese Aspekte begründen die zunehmende Relevanz von Schraubenrotoren und das industrielle Interesse daran. Beispielsweise ist der Einsatz im Automobilbereich denkbar, wo der etablierte Abgasturbolader durch einen Schraubenlader ersetzt werden kann. Jedoch bedarf es für einen Einsatz in Großserie eines wirtschaftlichen Herstellungsverfahrens, da die konventionelle Fertigung von derartigen Schraubenrotoren derzeit sehr zeitaufwendig und kostenintensiv ist. In der Regel werden Schraubenrotoren gegossen und im Anschluss durch Fräsen und Schleifen auf das Endmaß gebracht, oder aber komplett spangebend bearbeitet, was jedoch ein großes Zerspanvolumen und somit einen großen Materialverlust bedingt. Aus diesen Gründen ist die Fertigung für die Großserienproduktion nicht geeignet. Zur wirtschaftlichen Fertigung von Schraubenrotoren können umformtechnische Fertigungsverfahren eingesetzt werden, die sich durch effektive Werkstoffausschöpfung und kürzere Fertigungszeiten auszeichnen und somit eine interessante und wirtschaftliche Lösung für eine Großserienfertigung darstellen. Die Herausforderung liegt in der Einhaltung der erforderlichen Maß- und Formtoleranzen. Die komplexe Geometrie des Schraubenrotors, bestehend aus einer vordefinierten Zähnezahl, kann umformtechnisch durch unterschiedliche Verfahren wie das Profilwalzen oder das Strangpressen hergestellt werden. Allerdings handelt es sich dabei um ein Halbzeug mit geradem Konturverlauf ohne Steigung. Diese Halbzeuge könnten anschließend verdreht werden, um die Schraubenform zu erzeugen, die ggf. durch weitere Verfahren kalibriert werden. Diese Prozessroute ist mit großem Aufwand verbunden, zunächst Halbzeuge herzustellen und anschließend die Endkontur zu erzeugen, und das mit engen Toleranzen. Um eine kürzere Fertigungskette zu realisieren, sollen Verfahren analysiert werden, mit denen die Endform in einem Schritt erzeugt werden kann. Beim Strangpressen beispielsweise kann der Werkstofffluss gezielt beeinflusst werden, um gekrümmte Profile zu erzeugen oder unsymmetrische Profile durch Gestaltung der Strangpressmatrize gerade zu pressen. Es liegt nahe, den Werkstofffluss am Matrizenaustritt oder auch direkt in der Matrize ebenfalls so zu beeinflussen, dass ein schraubenförmiges Profil erzeugt werden kann. Eine weitere Möglichkeit könnte beim Innenhochdruckumformen gesehen werden, mit dem komplexe Hohlgeometrien erzeugt werden können. Bislang wurden in der Literatur keine Untersuchungen zur umformtechnischen Herstellung von langen schraubenförmigen Profilen gefunden. In der vorliegenden Arbeit werden die genannten Umformverfahren grundlegend experimentell und numerisch untersucht und deren Grenzen aufgezeigt. Der Schwerpunkt dieser Arbeit liegt auf dem Strangpressen aufgrund der Flexibilität hinsichtlich der herstellbaren Geometrie.

2 Stand der Technik

Ein wesentlicher Schwerpunkt dieser Arbeit liegt in der Weiterentwicklung des Strangpressens zur Erzeugung von schraubenförmigen Profilen. Es werden sowohl experimentelle als auch numerische Untersuchungen mithilfe der Finite-Elemente-Methode durchgeführt. Aus diesem Grund wird in diesem Kapitel zunächst mit der Vorstellung des konventionellen Strangpressens sowie der Entwicklung der FEM im Bereich des Strangpressens begonnen. Anschließend wird ein Überblick über die vorhandenen Arbeiten zur Herstellung von schraubenförmigen Bauteilen gegeben.

2.1 Strangpressen

2.1.1 Grundlagen des Strangpressens

Das Strangpressen ist ein Massivumformverfahren und gehört nach DIN 8583 zur Untergruppe Durchdrücken. Beim Strangpressen wird ein auf Umformtemperatur erwärmter Block in den Rezipienten (Aufnehmer) eingelegt und anschließend mithilfe eines Pressstempels durch eine Formmatrize gedrückt. Die eigentliche Umformung des Blockes zum Profilstrang erfolgt in einer quasi trichterförmigen Umformzone (primäre Umformzone) unmittelbar vor der Matrize, in der der austretende Profilstrang die vorgegebene Form annimmt (**Bild 2-1**). Der Matrizeneinlaufwinkel wird mit 2α bezeichnet, bei Flachmatrizen ist demzufolge $2\alpha = 180°$. Die Umformzone ist verfahrens- und werkstoffabhängig. In dem Ringraum, der aus der Mantelfläche der Umformzone, der Rezipienteninnenwand und der Matrizenstirnfläche gebildet wird, entsteht eine tote Zone, die für das direkte Strangpressen charakteristisch ist.

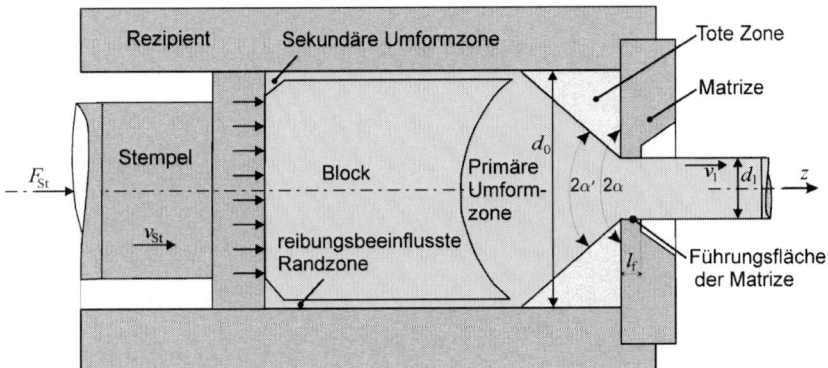

Bild 2-1: Verfahrensprinzip des Strangpressens nach Bauser et al. (2001)

Durch das Strangpressen kann eine große Vielfalt an Werkstoffen, von Leichtmetallen wie Aluminium und Magnesium bis hin zu Kupferlegierungen und hochfesten Stahlwerkstoffen, umgeformt werden. Am häufigsten werden allerdings Aluminiumlegierungen, insbesondere der 6000er-Reihe, aufgrund ihrer guten Umformbarkeit verarbeitet. Die 2000er- und 7000er-Legierungen, die zu den hochfesten Aluminiumlegierungen zählen, finden insbesondere im Luftfahrtbereich Anwendung. Die am häufigsten verpresste Aluminiumlegierung für den Automobilbau ist die EN AW-6060, auch als AlMgSi0,5 bezeichnet. Weiterhin werden Kupferlegierungen zur Herstellung von Rohren für Wasserrohrleitungen verpresst. Mit dem Strangpressen können Halbzeuge in Form von Voll- und Hohlquerschnitten gefertigt werden.

Charakteristisch für das Strangpressen ist der hohe hydrostatische Druckspannungszustand. Dieser hydrostatische Spannungszustand führt zur deutlichen Erhöhung des Formänderungsvermögens. Beim Strangpressen lassen sich dadurch je nach Werkstoff und Verfahren sehr hohe Umformgrade ($\varphi = 10$) erreichen (Bauser et al. 2001).

Die Gestaltung des Profilquerschnittes in Bezug auf dessen Geometriekomplexität hängt mit dem Formänderungsvermögen der eingesetzten Legierung zusammen. **Bild 2-2** stellt exemplarisch die Zusammenhänge zwischen der Profilwandstärke, der Pressgeschwindigkeit und der Festigkeit sowie der chemischen Zusammensetzung des Presswerkstoffes für ein offenes Profil mit einem Profilkreisdurchmesser von 220 mm dar. Vergleicht man die aushärtbare AlMgSi-Legierung mit den nicht aushärtbaren Legierungen AlMn und Al99,5, so sind im Hinblick auf die erreichbare Mindestwandstärke nur geringfügige Unterschiede zu verzeichnen, wobei die erzielbaren Festigkeiten bei den 6000er-Legierungen deutlich höher liegen (Schomäcker 2008). Bei steigender Festigkeit nimmt die Mindestwandstärke zu und die maximale Pressgeschwindigkeit ab.

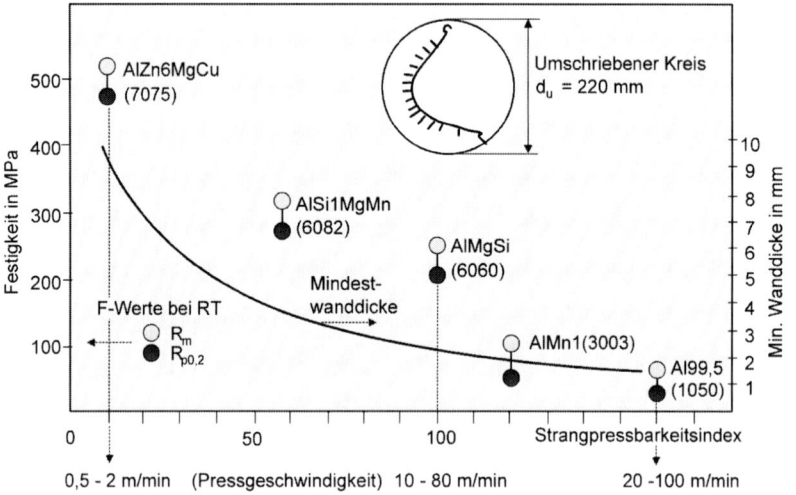

Bild 2-2: Pressbarkeit am Beispiel eines offenen Profils nach Storen (1994)

Stand der Technik

2.1.2 Berechnung der Kräfte beim Strangpressen

Bild 2-3 zeigt den qualitativen Kräfteverlauf beim Vorwärtsstrangpressen von Aluminiumwerkstoffen. Zu Beginn des Strangpressvorgangs wird der Block durch den Stempel angestaucht, wobei die Stempelkraft F_{St} auf ein Maximum ansteigt, wenn der neue Querschnitt aus der Matrize vollständig ausgetreten ist. Dabei legt der Stempel den Stauchweg s_1 zurück und nach dem Überschreiten der Fließspannung k_f beginnt der Werkstoff sich plastisch umzuformen. Dann ist ein quasistationärer Zustand erreicht und die Stempelkraft nimmt kontinuierlich ab, weil die Reibkraft F_{RW} zwischen Block und Rezipient aufgrund abnehmender Blocklänge ebenfalls kleiner wird. Vor dem Ende des maximalen Stempelweges steigt die Stempelkraft erneut an, da der Werkstoff in diesem Bereich überwiegend quer zur Stempelrichtung fließen muss. In der Praxis wird der Stempel jedoch nicht so weit verfahren und der dadurch verbleibende Pressrest wird abgeschert, damit keine Verunreinigungen ins Profil einfließen (Bauser et al. 2001).

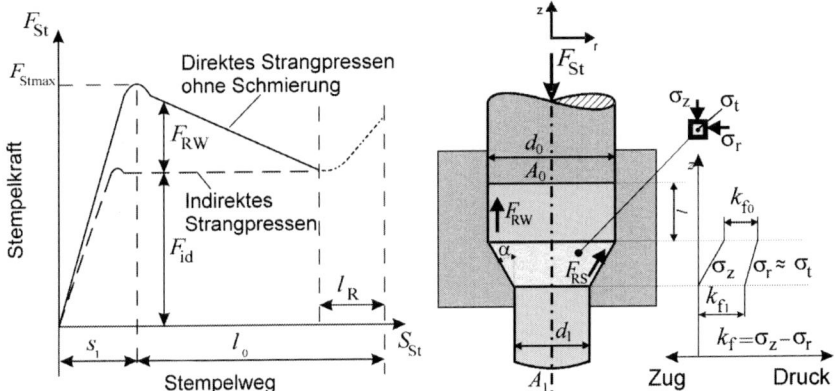

a) Kraftverlauf beim Strangpressen b) Spannungszustand beim Strangpressen

Bild 2-3: a) Kraftverlauf beim Strangpressen (Bauser et al. 2001), b) Spannungszustand beim Strangpressen (Lange 1974)

Die Stempelkraft F_{St} beim Durchdrücken lässt sich nach Lange (1974) wie folgt berechnen:

$$F_{St} = F_{id} + F_{RS} + F_{RW} + F_{Sch} \qquad (2\text{-}1)$$

In Anbetracht des Matrizeneinlaufwinkels $2\alpha = 180°$ und der Entstehung der toten Zone, die für das Strangpressen charakteristisch sind, ist die Reibung F_{RS} an der Matrizenschulter gleich null zusetzen. Für die Berechnung der Schiebungskraft F_{Sch} wird anstatt des Matrizeneinlaufwinkels 2α der Winkel $2\alpha' = 90°$ (**Bild 2-1**) berücksichtigt, der die tote Zone beschreibt. Dadurch ist die Schiebungskraft gleichzusetzen mit der ideellen Umformkraft (Lange 1974). Die Stempelkraft beim Strangpressen kann folgendermaßen vereinfacht werden:

$$F_{St} = 2F_{id} + F_{RW} \qquad (2\text{-}2)$$

Die Reibkraft F_{RW} wird durch die Haftung des Werkstückwerkstoffes an den Rezipienteninnenflächen hervorgerufen. Dies ist allerdings nur beim direkten Strangpressen der Fall (**Bild 2-3a**). Im Bereich der Führungsfläche der Matrize gibt es zwar auch Reibung zwischen dem Werkstückwerkstoff und dem Matrizeneinlauf, allerdings ist dieser Anteil sehr gering im Vergleich zu der Reibung am Rezipienten und wird bei der Kraftberechnung in der Regel vernachlässigt. Die Reibung an der Rezipienteninnenwand hängt vom Blockdurchmesser, der aktuellen Blocklänge sowie der kritischen Scherspannung des Werkstückwerkstoffes ab. Die kritische Scherspannung τ_S für einen Werkstück-Werkstoff ist eine Funktion der Temperatur T und der Schergeschwindigkeit. Die Reibkraft lässt sich somit wie folgt berechnen:

$$F_{RW} = \pi D_0 \left(l_0 - l_R + s_1 - s_{St} \right) \tau_s \qquad (2\text{-}3)$$

Die ideelle Umformkraft F_{id} ist die Kraft, die den Werkstoff unter idealen Bedingungen zum plastischen Fließen bringt, also ohne Berücksichtigung von Reibungsverlusten usw. Diese kann über den gesamten Prozess als konstant angesehen werden. Für die Umformkraft F_u gilt die Gleichung:

$$F_{id} = A_0 \cdot k_{fm} \cdot \varphi_{\max} \qquad (2\text{-}4)$$

Dabei ist k_{fm} die mittlere Fließspannung des Werkstückwerkstoffes. Der maximale Umformgrad $\varphi_{\max}$ ist eine geometrische Größe, die vom Ausgangs- sowie Endquerschnitt abhängt und sich beim Strangpressen aus dem Pressverhältnis R ableitet, Lange (1974):

Stand der Technik

$$R = \frac{A_0}{A_1} \quad (2\text{-}5)$$

Daraus ergibt sich der maximale Umformgrad:

$$\varphi_{max} = \ln \frac{A_0}{A_1} \quad (2\text{-}6)$$

A_0 und A_1 sind hierbei jeweils die Querschnittsflächen vom Block und vom Profil. Die mittlere Umformgeschwindigkeit $\dot{\varphi}$ ist die zeitliche Ableitung des Umformgrades φ und kann für das Strangpressen nach Lange (1974) näherungsweise mit folgender Formel beschrieben werden:

$$\dot{\varphi} \cong \frac{6 \cdot vo \cdot \varphi}{d_0} \quad (2\text{-}7)$$

Mit v_0 die Stempelgeschwindigkeit in mm/s und d_0 die Rezipientendurchmesser in mm

Neben den beiden Prozessparametern maximaler Umformgrad φ_{max} und mittlere Umformgeschwindigkeit $\dot{\varphi}$ ist die Umformtemperatur T der dritte wichtige Faktor zur Ermittlung der Fließspannung k_f. Die Ermittlung der Fließspannung k_f kann durch verschiedene Verfahren zur Werkstoffcharakterisierung (z.B. Zug-, Stauch- oder Verdrehversuch) erfolgen. Der Torsionsversuch eignet sich besonders zur Ermittlung der Fließspannung k_f für das Strangpressen, da mithilfe dieses Verfahrens höhere Umformgrade (φ = 10) erreicht werden und die Einstellung einer konstant erhöhten Temperatur einfach zu realisieren ist. **Bild 2-4** zeigt einige aus dem Warmtorsionsversuch für verschiedene Umformgeschwindigkeiten ermittelten Fließkurven für den Werkstoff EN AW-6082 (AlMgSi1) bei 450,°C (723 K).

Bei der Warmumformung mit Umformgraden ab ca. φ = 4 ist der Fließspannungsverlauf sensitiver bei Änderung der Umformgeschwindigkeit und vom Umformgrad nahezu unabhängig (Bild 2-4). Deshalb genügt es, die Fließspannung in diesem Bereich nur in Abhängigkeit von der Umformgeschwindigkeit $\dot{\varphi}$ und der Umformtemperatur T zu beschreiben. Diese Vereinfachung gilt allerdings nur, wenn der Werkstoff kein ausgeprägtes Verfestigungs- bzw. Entfestigungsverhalten aufweist. Ein häufig verwendetes Modell zur Beschreibung des Werkstoffverhaltens beim Strangpressen stellt das sinus-hyperbolische Modell nach Zener-Holomon bzw. Sellar-Tegart dar, das in verschiedenen Arbeiten modifiziert und erweitert wurde, Schikorra (2006).

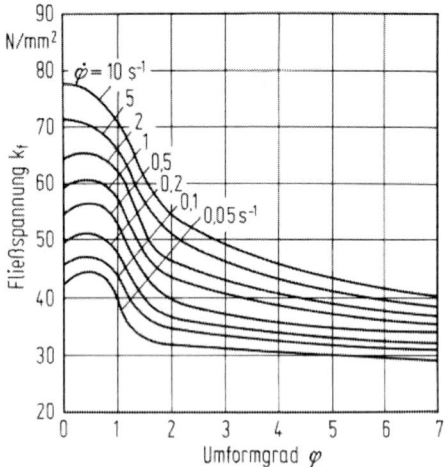

Bild 2-4: Im Warmtorsionsversuch ermittelte Fließkurven von EN AW-6082 bei 723 K, Lange (1974)

Neben der Betrachtung des Kraftbedarfs ist die Kenntnis über den Spannungszustand zum Prozessverständnis unverzichtbar. Am Querschnitt des Werkstoffaustrittes (Querschnitt A_1, **Bild 2-3b**) ist die Axialspannung σ_z gleich null, wenn der Werkstoff frei austreten kann. Nach der elementaren Plastizitätstheorie sind die Formänderungen in radialer und tangentialer Richtung gleich. Die Spannungsverteilung in der Umformzone ist nach Siebel über

$$k_f = \sigma_z - \sigma_r \qquad (2\text{-}8)$$

gegeben, wenn berücksichtigt wird, dass die Tangential- und die Radialspannungen ebenfalls Druckspannungen sind (Lange 1974). Diese Gleichung wird für die Analyse des Spannungszustandes beim externen Tordieren beim Strangpressen herangezogen.

2.1.3 Strangpressverfahren

Das Strangpressen wird in drei grundsätzliche Varianten unterteilt; direkt, indirekt sowie Strangpressen mit Wirkmedium. Die drei Verfahrensvarianten werden im Folgenden kurz vorgestellt.

Stand der Technik

2.1.3.1 Vorwärtsstrangpressen

Beim Vorwärtsstrangpressen bzw. direkten Strangpressen bewegt sich der Stempel in derselben Richtung wie der austretende Strang (**Bild 2-5**). Der Rezipient und die Matrize befinden sich dabei in der gleichen relativen Position zueinander. Ein wesentlicher Vorteil des direkten Strangpressens liegt im einfachen Aufbau der Strangpresse. Dadurch kann der austretende Strang u.a. besser abkühlen. Weiterhin lassen sich sehr komplexe sowie größere Profile mit einer hohen Oberflächengüte erzeugen. Der Nachteil bei diesem Verfahren ist der große Anteil an Reibkraft zwischen Rezipient und Block, welche die Pressgeschwindigkeit sowie die Presskraft begrenzt. Es werden durch das direkte Strangpressen überwiegend leicht pressbare Werkstoffe und Legierungen, wie die 6000er-Aluminiumlegierungen, verpresst. Eine reibungsbedingte Erwärmung des Werkstoffes beim Pressen kann darüber hinaus eine ungewollte Änderung der Werkstoffeigenschaften sowie die Entstehung von Heißrissen im Strang bewirken (Bauser et al. 2001).

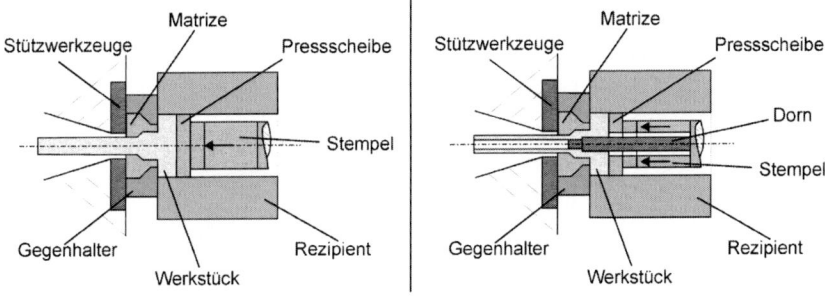

Bild 2-5: Vorwärtsstrangpressen

Mit dem direkten Strangpressen können sowohl Voll- als auch Hohlprofile hergestellt werden. Eine Variante zur Herstellung von Hohlprofilen wird durch die Integration eines Dorns in den Stempel realisiert, welcher bis in die Führungsflächen der Matrize ragt. Es lassen sich somit nahtlose Profile herstellen. Der Nachteil dieses Verfahrens kann in der Lebensdauer des Dorns gesehen werden. Eine weitere Alternative zur Herstellung von Hohlprofilen stellt der Einsatz von Kammerwerkzeugen dar, wobei der Werkstoff im Matrizeneinlauf zunächst aufgeteilt wird und anschließend in der Schweißkammer zu einem Profil zusammenfließt. Aus diesem Grund beinhalten Hohlprofile, die durch Kammerwerkzeuge gepresst werden, eine oder mehrere Längspressnähte, die die mechanischen Eigenschaften des Strangpressprofils beeinflussen können.

2.1.3.2 Rückwärtsstrangpressen, Strangpressen mit Wirkmedien

Beim Rückwärtsstrangpressen (auch indirektes Strangpressen genannt) ist die Bewegung des Stempels der Bewegung des Strangs entgegengerichtet (**Bild 2-6a**). Der Pressblock und der Rezipient führen bei dem Pressvorgang keine relative Bewegung zueinander aus, wodurch die Reibung deutlich reduziert wird. Der Rezipient bewegt sich zusammen mit dem Verschlussstück in die gleiche Richtung wie der Strang und drückt somit den Block gegen die Matrize.

Das Rückwärtsstrangpressverfahren eignet sich aufgrund der deutlich geringeren Reibkräfte (**Bild 2-3a**, Kraftverlauf beim indirekten Strangpressen) im Vergleich zum direkten Strangpressen zum Pressen von schwer umformbaren Werkstoffen, insbesondere für die 2000er-sowie die 7000er-Aluminiumlegierung. Dadurch, dass die Matrize durch einen Hohlstempel verfahren wird, ist der Profilkreisdurchmesser deutlich begrenzt. Weiterhin ist die Abkühlung des Profilstrangs aufgrund der beschränkten Zugänglichkeit deutlich schwieriger, was in der Regel nachträglich zu einer aufwendigeren Wärmebehandlung führt.

Beim Strangpressen mit Wirkmedien, auch häufig als hydrostatisches Strangpressen bezeichnet, bewegt sich der Stempel wie beim direkten Strangpressen in die gleiche Richtung wie der Strang. Jedoch gibt es bei dieser Verfahrensvariante keine Pressscheibe, die den Druck des Stempels auf den Block überträgt (**Bild 2-6b**). Die Druckübertragung erfolgt bei diesem Prozess über ein Wirkmedium. Durch die hohen Drücke (bis 20.000 bar) werden dabei hohe Ansprüche an die Dichtungen gestellt, was einen Nachteil dieses Verfahrens darstellt. Wesentlich für dieses Verfahren ist, dass der Block bei Aufbringung des Pressdruckes den Rezipientenraum gegen die Matrize abdichtet, sonst kann kein Druck aufgebaut werden. Es ist somit eine konische Matrize sowie eine genaue Anspitzung des Pressblockes erforderlich (Müller et al. 1995).

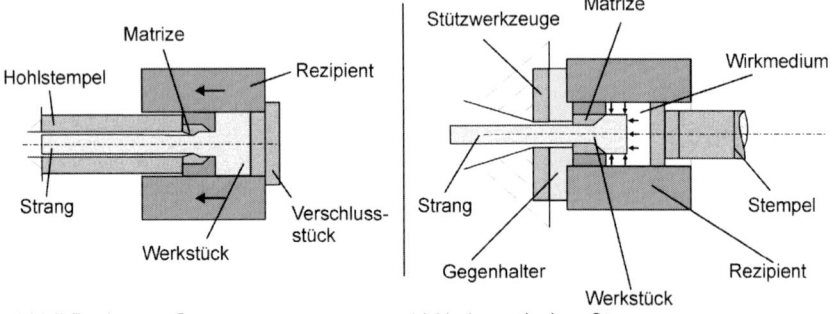

Bild 2-6: a) Voll-Rückwärts-Strangpressen, b) Hydrostatisches Strangpressen

Stand der Technik 11

Das hydrostatische Strangpressen zeichnet sich durch eine Flüssigkeitsreibung zwischen Block und Wirkmedium aus, die vernachlässigbar gering ist. Hierdurch eignet es sich insbesondere zur Umformung spröder Werkstoffe. Allerdings ist das gesamte System in Bezug auf die Dichtungen als kritisch anzusehen (z. B. im Bereich zwischen Stempel, Dorn und Block).

2.1.4 Werkstofffluss und Tribologie beim Strangpressen

Es gibt bei den unterschiedlichen Verfahrensvarianten direktes und indirektes Strangpressen deutliche Unterschiede im Kraftverlauf. Hierbei spielt die Reibung zwischen Rezipient und Block eine entscheidende Rolle. Anhand von Werkstoffflussuntersuchungen können die herrschenden Reibbedingungen näher analysiert werden. Im Folgenden werden die gängigen Fließtypen beim direkten und indirekten Strangpressen gegenübergestellt. Hierbei wird u.a. auch auf die Charakteristika des Werkstoffflusses beim Strangpressen von Aluminium speziell eingegangen. Anschließend werden eine geläufige Methode visioplastischer Untersuchungen sowie die Ermittlung der vorherrschenden tribologischen Bedingungen erläutert.

2.1.4.1 Fließtypen beim Strangpressen

Der Werkstoff im Rezipienten und im Presswerkzeug hängt von der Verfahrensvariante sowie von der verwendeten Schmierung ab. **Bild 2-7** zeigt die charakteristischen Typen des Fließens beim Strangpressen. Die in der Literatur am häufigsten genutzte Klassifizierung des Werkstoffflusses beim Strangpressen wurde von Dürrschnabel (1968) ausgearbeitet. Hierbei ist zwischen vier Fließtypen zu unterscheiden: S, A, B und C. Im Bereich des Aluminium-Strangpressens wurde von Valberg (2009) eine weitere Unterteilung der Fließtypen speziell für das direkte und indirekte Aluminiumstrangpressen vorgenommen (Fließtyp A1 und B1).

Fließtyp S: Hier wird angenommen, dass keine Reibung zwischen Blockwerkstoff und Rezipient vorherrscht. Das kann entweder beim direkten Strangpressen mit Schmiermittel, wie z.b. Glas, oder beim hydrostatischen Strangpressen auftreten. Es entsteht dabei ein homogenes Werkstoffgefüge. Dieser Fließtyp ist für die Praxis nicht relevant.

Fließtyp A: Bei diesem Fließtyp liegt eine geringe Reibung im Rezipienten vor, die über einen gut geschmierten Block eingestellt wird. Die Verformung des Liniengitters im Block erfolgt sehr gleichmäßig, bis kurz vor dem Matrizeneinlauf. Hier zeigt sich die Ausbildung einer flächenmäßig kleinen „toten Zone" mit angrenzender schmaler Scherzone, die das Einfließen des Werkstoffs von der Blockoberfläche in den Strang ermöglicht.

Fließtyp B: Dieser Fließtyp entsteht durch die höhere Wandreibung im Rezipienten und an der Matrizenstirnfläche beim direkten Strangpressen, wodurch der Werkstoff in der äußeren Schicht des Blocks gegenüber dem Blockinnern gehemmt wird. Es ist eine stärker ausgeprägte tote Zone vorzufinden, welche ein inhomogenes Werkstoffgefüge im Strang hervorruft.

Fließtyp C: Dieser Zustand liegt bei inhomogenem Werkstoff und auch inhomogener Temperaturverteilung im Block (außen kalt – innen heiß) vor. Hier stellt sich eine im Vergleich zum Typ B stärkere Hemmung des Werkstoffflusses im Blockäußeren dar. Dies resultiert aus der höheren Fließspannung aufgrund der niedrigeren Temperatur. Ein solcher Gradient tritt leicht auf, wenn die Blockeinsatztemperatur deutlich höher ist als die Rezipiententemperatur (Bauser et al. 2001).

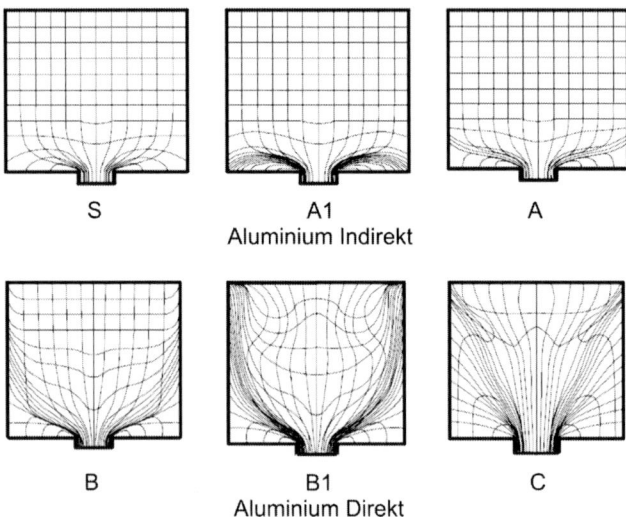

Bild 2-7: Fließtypen beim direkten und indirekten Strangpressen (Valberg 2009)

Beim direkten oder indirekten Strangpressen von Aluminium und Aluminium-Legierungen ohne Schmiermittel entstehen die Fließtypen A_1 und B_1, die sich von den oben dargestellten Fließtypen leicht unterscheiden (Valberg 2009). Beim Fließtyp B_1, der eine längere Scherzone aufweist (vgl. B1 und B), herrscht eine Haftreibung zwischen dem Block und dem Container. Aufgrund dieser Haftreibung bleibt eine Aluminium-Schicht (Außenhaut und die darunter liegende Schicht) an der Containerwand kleben. Der Werkstoff aus der Mitte fließt wesentlich schneller. Dabei entsteht mit fortschreitendem Prozess eine sekundäre Umformzone vor der Pressscheibe. Aus dieser sekundären Umformzone fließt der zurückgehaltene Werkstoff aus den Randzo-

Stand der Technik 13

nen, die verunreinigt und oxidiert sind, in die Strangmitte. Dieser Effekt wird als Zweiwachs bezeichnet und führt zwangsläufig zu Produktfehlern, weil der Pressrest zu klein dimensioniert wird. Aus diesem Grund ist eine hinreichende Dimensionierung des Pressrestes erforderlich, um diesen Fehler zu vermeiden (Bauser et al. 2001).

2.1.4.2 Analyse des Werkstoffflusses beim Strangpressen

Die Analyse und das Verständnis über den Strangpressprozess basierten zunächst hauptsächlich auf der experimentellen und einfachen analytischen Betrachtung (Laue 1981 und Karadogan 2005). Über den Einsatz der FE-Methode zur Beschreibung des Strangpressprozesses wird in der Literatur erst in den letzten 40 Jahren berichtet, wie bei Zienkiewicz (1974, 1981) und Miles (1995). Der Hauptgrund dafür liegt in den hohen Umformgraden, die beim Strangpressen erzeugt werden, die eine sehr feine Vernetzung sowie Neuvernetzung während der Berechnung erfordern, was bislang numerisch nicht möglich war. In den letzten Jahren wurden viele kommerzielle FEM-Programme weiterentwickelt und mit der Möglichkeit der Neuvernetzung (remeshing) ausgestattet, sodass mittlerweile auch komplexe 3D-Simulationen des Strangpressprozesses möglich sind. Eine kontinuierliche Verbesserung der Ergebnisqualität zeigen die in den letzten Jahren durchgeführten Benchmarks zur Strangpresssimulation (Ben Khalifa et al. 2009).

Zur Untersuchung des Werkstoffflusses kann ein Vergleich der Simulation mit den Ergebnissen der visioplastischen Untersuchungen durchgeführt werden. Dazu werden die berechneten Verzerrungen der Fließlinien den experimentellen Werkstoffflussbildern gegenübergestellt. Die Fließlinien ergeben sich aus einem ursprünglich kartesischen Raster, dessen Knotenpunkte mit dem Werkstofffluss im Strangpressprozess bewegt werden (Schikorra 2006). Auf diese Weise ist eine Visualisierung der Umformung des Pressblocks möglich. Zur Visualisierung des Werkstoffflusses beim realen Strangpressen werden die Pressblöcke entweder mit einem Raster versehen oder mit der Indikatormethode präpariert, was eher die gängige Vorgehensweise ist (Valberg 1992, Yao und Müller 1996; Kalz 2001). Dazu werden radial durch den Pressblock in der Symmetrieebene Bohrungen eingebracht, durch die Stifte eingelassen werden. Für die verwendeten Werkstoffe sollte eine hinreichende mechanische und thermische Ähnlichkeit zum Blockwerkstoff vorhanden sein, sodass keine Beeinflussung des Stoffflusses zu erwarten ist. Die Stifte können in dem Pressblock vertikal oder horizontal zur Pressrichtung angebracht werden. Eine Kombination beider Anordnungen ist ebenfalls möglich (**Bild 2-8**). Während in den 90er-Jahren hauptsächlich Untersuchungen des Werkstoffflusses an rotationssymmetrischen Flachmatrizen von vollen Rundprofilen durchgeführt worden sind, wurden mittlerweile neue Ansätze zur Visualisierung des Werkstoffflusses bei komplexen Kammermatrizen von Khan und Valberg (2011) sowie Kloppenborg et al. (2011) entwickelt, wie in **Bild 2-8c** und **d** dargestellt.

Zur Analyse der Reibbedingungen beim Strangpressen können die präparierten und gepressten Blöcke auf zwei Weisen ausgewertet werden. Bei der einen Auswertung wird die Verschiebung der Stifte im Prozess gemessen und daraus abgeleitet, ob es sich um eine Haftung bzw. Scherung des Werkstoffes handelt oder um Reibvorgänge. Eine weitere Auswertung ist das Digitalisieren der Fließlinien und die Gegenüberstellung mit den numerischen Fließlinien (Schikorra 2006).

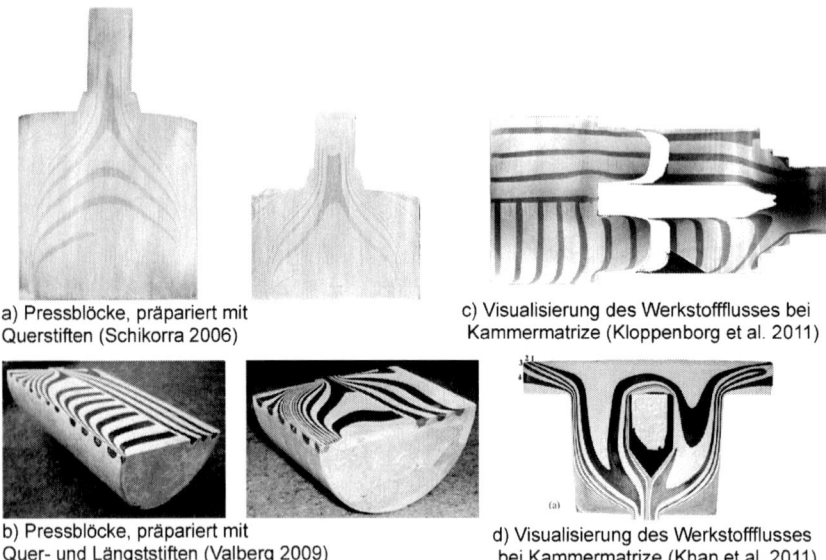

a) Pressblöcke, präpariert mit Querstiften (Schikorra 2006)

c) Visualisierung des Werkstoffflusses bei Kammermatrize (Kloppenborg et al. 2011)

b) Pressblöcke, präpariert mit Quer- und Längststiften (Valberg 2009)

d) Visualisierung des Werkstoffflusses bei Kammermatrize (Khan et al. 2011)

Bild 2-8: Visioplastische Untersuchungen beim direkten Strangpressen von Flach- sowie Kammermatrizen

2.1.4.3 Modellierung der Reibung beim Strangpressen

Trotz der deutlichen Fortschritte bei der Strangpresssimulation ist eine genaue Beschreibung und Modellierung der Reibung beim Strangpressen heutzutage nur bedingt möglich. Je nach eingesetztem Simulationsprogramm müssen vor einer Prozessanalyse zunächst das gewählte Reibmodell und der dazu gehörende Reibwert mithilfe von visioplastischen Untersuchungen verifiziert werden. Ein konkretes Beispiel wird in Donati et al. (2010) vorgestellt. In dieser Arbeit wurden drei FEM-Programme hinsichtlich der Bildstreue des Werkstoffflusses analysiert und verglichen. Die Programme sind DEFORM 3D, MSC Superform sowie HyperXtrude. Die beiden ersten Programme rechnen mit der Lagrange-Formulierung, wo sich das FE-Netz mit dem Werkstoff bewegt und aufgrund der hohen Umformgrade häufig eine Neuvernetzung während der Berechnung durchgeführt wird, während das dritte Programm auf der Euler-Formulierung basiert und mit der Navier-Stocke-Gleichung für die Fluidmechanik rechnet, bei dem keine Neuvernetzung notwendig ist. Allerdings hat die zuletzt genannte Formulierung den Nachteil, dass der instationäre Pressvorgang, gemeint ist damit der Pressbeginn, nicht abgebildet werden kann und somit mögliche Unterfüllungen der Matrize im Vorfeld nicht vorausberechnet werden. Im Rahmen der durchgeführten Untersuchungen wurden beide Reibgesetze nach Coulomb und nach Tresca getestet, die bei allen Programmen bereits implementiert sind. Des Weiteren wurden der Kraftverlauf sowie die Temperaturentwicklung in den Vergleich mit einbezogen. Die Ergebnisse der Untersuchungen sind in folgender Tabelle dargestellt. Es hat sich gezeigt, dass sich die Reibwerte bei den untersuchten Programmen deutlich unterscheiden können, und trotzdem wird die Maximalkraft erreicht.

Tabelle 2-1: Zusammenfassung der getesteten FE-Programme und Reibmodelle (Donati et al. 2010)

	Reibmodell und -koeffizient	Vergleich max. Kraft	Vergleich Fließlinien
Superform	Coulomb, $\mu = 0{,}05$	Sehr gut	Schlecht
	Coulomb, $\mu = 0{,}1$	+28%	Gut
	Tresca, $m = 0{,}95$	+19%	Schlecht
Deform	Coulomb, $\mu = 0{,}6$ or $\mu = 1$	−20%	Schlecht
	Tresca, $m = 1$	−20%	Nicht ausreichend
	Tresca, $m = 1$ mit Haftung	Sehr gut	Gut
HyperXtrude	Coulomb, $\mu = 0{,}02$	Sehr gut	Nicht vorhanden

Die Simulationsprogramme weisen deutliche Unterschiede bei der Kraftberechnung sowie bei dem Bild des Werkstoffflusses auf. Bei DEFORM 3D konnte das Ergebnis verbessert werden, indem zusätzlich eine vollständige Haftung des Werkstoffes an der Rezipientenwand definiert wurde. Des Weiteren hat sich gezeigt, dass die thermomechanische Kopplung zu einer wesentlichen Verbesserung der Ergebnisgenauigkeit führt. Allerdings ist es hier wichtig, die Zusammenhänge zwischen der Temperatur und der Reibung im Vorfeld zu kennen und das entsprechende Reibmodell um den Parameter Temperatur zu erweitern.

Der Einfluss der Temperatur auf die Reibung wurde von Flitta und Sheppard (2003) untersucht. Hierbei wurden zwei Aluminiumlegierungen EN AW-2024 und Al-1% Cu im Temperaturbereich zwischen 300 °C und 450 °C untersucht. Es hat sich ein linearer

Zusammenhang zwischen Reibung und Temperatur herausgestellt (**Bild2-9**), der mit folgender Formel beschrieben wird:

$$m = 0.0018T + 0,1327 \qquad (2-9)$$

Dieses Modell wurde experimentell durch den Vergleich der Presskraft bei verschiedenen m-Werten validiert. Bei der untersuchten maximalen Temperatur von 450°C wurde ein m-Wert von ca. 0,92 ermittelt. Da der Temperaturbereich beim Strangpressen in der Regel zwischen 450 °C und 530 °C ist nimmt in der Regel der Reibwert zu, deshalb wird bei den meisten Berechnungen mit einer Scherreibung nach Tresca gerechnet ($m = 1$), was auch im Rahmen der vorliegenden Arbeit verwendet wird.

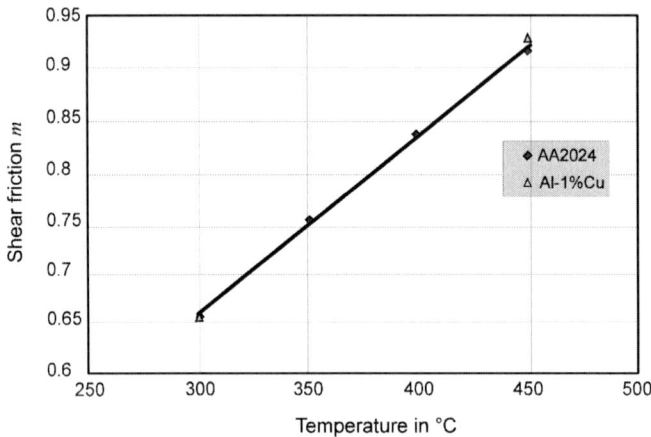

Bild 2-9: Einfluss der Temperatur auf die Reibung beim Strangpressen nach Flitta und Sheppard (2003)

2.1.4.4 Einfluss der Führungsflächen der Matrize auf den Werkstofffluss

Die vorgestellten Untersuchungen und die verschiedenen Reibwerte beziehen sich alle auf den Kontakt zwischen dem Werkstück (Block) und dem Rezipienten, da hier der größte Anteil an Reibkräften entsteht. In der formgebenden Matrize entstehen auch Reibkräfte, die im Vergleich zu den restlichen Kraftanteilen verhältnismäßig gering sind. Jedoch stellt die Reibung im Bereich der Führungsfläche einen wesentlichen Einfluss auf den Werkstofffluss und somit auf die Profilgeometrie dar, insbesondere wenn es sich um komplexere, dünnwandige oder unsymmetrische Profilgeometrien handelt. Bekanntlich fließt der Werkstoff in Matrizenmitte wesentlich schneller als im Randbereich (aufgrund der Reibung am Rezipienten), deshalb muss der Werkstoff mithilfe der Gestaltung der Länge der Führungsfläche in der Mitte gebremst und außen beschleunigt werden, um ein gerades, unverformtes Profil zu erzeugen. Müller (1995) hat die Zusammenhänge zwischen der Geometrie, der Lage des Profils im Werkzeug, den Querschnittsunterschieden des Profils und der Länge der Führungsfläche ermittelt (**Bild 2-10**). Zwei Gestaltungskriterien wurden daraus abgeleitet:

- Die Länge der Führungsfläche muss in Abständen von 25 mm um ca. 1 mm gekürzt werden, ausgehend von der Werkzeugmitte (Bild 2-10a).
- Die Länge der Führungsfläche steigt proportional mit der Wanddicke des Profils (Bild 2-10b).

Die abgeleiteten Zusammenhänge können als Grundlage für die Auslegung der Strangpresswerkzeuge herangezogen werden. Allerdings werden zum einen die umzuformenden Profilgeometrien immer komplexer und häufig gleichzeitig die Wandstärken dabei immer kleiner. Zum anderen steigt der wirtschaftliche Druck zunehmend an, sodass die Produktivität, in Form von hohen Pressgeschwindigkeiten, steigen muss. Dies lässt sich mit zwei Maßnahmen realisieren:

1. Gezielte Verkürzung der Führungsflächenlängen, um die Reibung zu reduzieren und somit die Pressgeschwindigkeit zu steigern, ohne dass es zu Oberflächenfehlern (Heißrissen) kommt.
2. Schnelle Auslegung von Werkzeugen auch bei komplexen Geometrien.

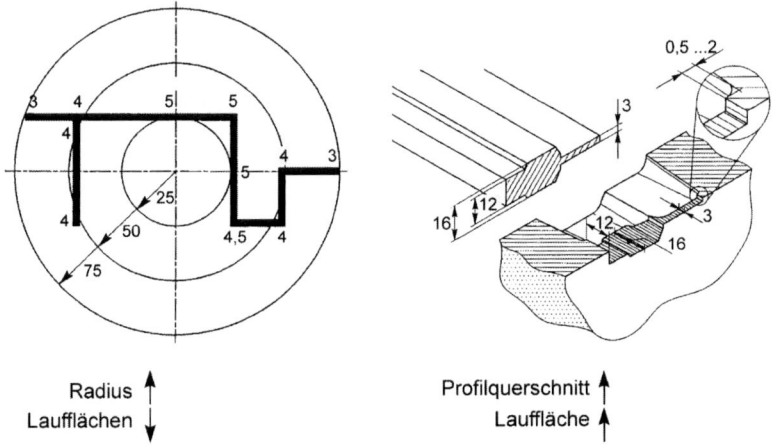

a) Führungsflächenlänge in Abhängigkeit der Profillage im Rezipienten

b) Führungsflächenlängen in Abhängigkeit der Querschnittsgeometrie

Bild 2-10: Beeinflussung des Werkstoffflusses über die Laufflächen nach Müller (1995)

Aktuelle Forschungsarbeiten mit Industriebeteiligung gehen in Richtung Entwicklung von Optimierungswerkzeugen für Strangpressmatrizen. Kloppenborg et al. (2008) haben beispielsweise eine simulationsbasierte Optimierungsmethode entwickelt, womit der Werkstofffluss beim Strangpressen unterschiedlicher Profilgeometrien gezielt homogen gestaltet werden kann. Zwei Beispiele zum Strangpressen wurden in der zuvor genannten Arbeit optimiert; ein Mehrstrangpressen von runden Stangen mit dem Ziel einer gleichen Profilaustrittsgeschwindigkeit und das Strangpressen von einem unsymmetrischen L-Profil mit dem Ziel der Herstellung eines geraden Profils (**Bild 2-11**). Die Effizienz der entwickelten Methode sowie der Simulation konnte nachgewiesen werden. Die Austrittsgeschwindigkeit konnte in beiden Beispielen optimiert werden.

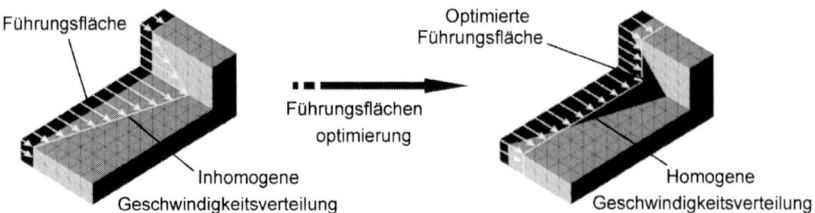

Bild 2-11: Optimierung des Werkstoffflusses bei unsymmetrischen Profilen (Kloppenborg 2008)

Als Zwischenfazit kann festgehalten werden, dass der Werkstofffluss beim Strangpressen auf verschiedene Weisen beeinflusst werden kann. Insbesondere spielt hierbei die Auslegung der Führungsflächen der Matrize eine wesentliche Rolle. Der Fokus bei den vorgenannten Arbeiten sowie in der industriellen Fertigung liegt in der Herstellung von geraden Strangpressprofilen. Bei unsymmetrischen Profilen ist eine gezielte Optimierung der Führungsflächenlänge unverzichtbar, da die Profile sonst gebogen oder auch zum Teil tordiert austreten. Da die Torsion der Profile die Zielsetzung dieser Arbeit darstellt, wird somit ein Schwerpunkt auf die Gestaltung und Optimierung der Führungsflächen der Matrizen gelegt. Im folgenden Abschnitt werden Arbeiten zur gezielten Beeinflussung des Werkstoffflusses beim Strangpressen vorgestellt mit dem Ziel, nicht gerade, sondern gekrümmte Profile herzustellen.

2.1.4.5 Beeinflussung des Werkstoffflusses zur Erzeugung von gekrümmten Profilen.

Neben der Optimierung des Werkstoffflusses zur Erzeugung von fehlerfreien geraden Halbzeugen sind in den letzten Jahren einige Verfahren zur gezielten Beeinflussung des Werkstoffflusses in der Matrize entwickelt und untersucht worden, um insbesondere gekrümmte Profile zu erzeugen. Der Einfluss der Führungsflächenlänge auf die Geschwindigkeitsverteilung im Profilquerschnitt kann gezielt so eingestellt werden, dass der Werkstoff im Profilquerschnitt unterschiedlich schnell fließt, um somit eine Krümmung direkt durch das Presswerkzeug zu erzeugen, wie es bei der Firma SAPA in Schweden für die Herstellung von Stoßträgern für den Automobilbau eingesetzt

Stand der Technik

wird. Eine weitere Methode zur Erzeugung der Profilkrümmung ist die Manipulation des Werkstoffflusses mithilfe eines externen Führungswerkzeugs, welche von Kleiner (1996) zum Patent angemeldet und von Arendes (1999), Klaus (2002) und Becker (2009) grundlegend untersucht wurde. Durch die gezielte Steuerung des Führungswerkzeugs können flexible Krümmungen erzeugt werden. Arendes (1999) fand heraus, dass es sich dabei nicht um einen dem Strangpressen nachgeschalteten Biegevorgang handelt, sondern um eine Beeinflussung des Spannungszustandes in der Strangpressmatrize, die zu einer Umlenkung des Werkstoffflusses führt. Aufgrund der sehr niedrigen Biegekräfte im Vergleich zum konventionellen Warmbiegen (Becker 2009) entstehen keine Querschnittsdeformationen oder Eigenspannungen am gekrümmten Profil. Eine weitere Verfahrensvariante wurde von Müller (1997) entwickelt, die eine Umlenkung des Werkstoffes unmittelbar hinter der Strangpressmatrize vorsieht. Bei dieser Variante werden direkt hinter der Matrize weitere bewegliche Platten eingesetzt, die die Biegung des zunächst gerade austretenden Stranges durch die Verschiebung von Platten senkrecht zur Pressachse realisiert.

Diese Verfahren zeigen neben der Auslegung und Gestaltung von Führungsflächen eine weitere Alternative auf, tordierte Profile direkt durch das Strangpressen herzustellen, indem der Werkstoff mithilfe von Manipulatoren um die Pressachse gedreht wird.

2.2 Umformende Herstellung von schraubenförmigen Profilen/ Bauteilen

In diesem Abschnitt werden Umformverfahren vorgestellt, die sich mit der Herstellung von Bauteilen mit schraubenförmiger Kontur beschäftigen. In der Literatur werden Strangpressverfahren als „Twist Extrusion" bezeichnet, die sich allerdings nicht mit der Torsion von Profilen oder Bauteilen beschäftigen. Bei Twist Extrusion wird der eingesetzte Block, in der Regel in Rechteckform, in einem speziellen Rezipienten um 90° bzw. um 180° verdreht, um dem Werkstoff eine Scherung zuzufügen. Das Ziel liegt hierbei in der Verfeinerung der Mikrostruktur des austretenden Bauteils, wie beispielsweise von Beygelzimer (2009, 2011) vorgestellt. Diese Verfahrensvariante erlaubt allerdings keine Herstellung von schraubenförmigen Profilen. Nach Bauser et al. (2001) wurden bei der Firma ASEA beispielsweise mit dem Verfahren des hydrostatischen Strangpressens Stangen mit Schrägverzahnung aus Einsatzstahl gefertigt. Die Firma Hydro (2007) stellt ebenfalls spiralförmige Schraubenrotoren aus Strangpresshalbzeugen her. Informationen bzw. Untersuchungen zum Prozessablauf und zu den Prozessparametern wurden allerdings nicht veröffentlicht. Zahlreiche Arbeiten zur Herstellung von schraubenförmigen Bauteilen wurden insbesondere im Bereich des Fließpressens sowie auch Strangpressens von Polymeren durchgeführt, welche nachfolgend vorgestellt werden.

2.2.1 Fließpressen von Schrägverzahnungen

Die Herstellung von verdrehten Bauteilen, wie schrägverzahnten Getrieberädern, kann mittels des Verfahrens Fließpressen in einem Prozessschritt realisiert werden. Dabei wird ein Halbzeug durch eine Matrize mit einer schräg angeordneten Innenverzahnung gepresst. Durch das Fließpressen hergestellte Bauteile haben einen ununterbrochenen Faserverlauf und somit bessere mechanische Eigenschaften als spanend hergestellte Bauteile. Dies führt zu einer kompakteren Bauart und somit zu einer Gewichtsreduzierung bei der späteren Anwendung. Des Weiteren gibt es bei der Herstellung durch Umformverfahren eine bessere Werkstoffausnutzung als bei der spanenden Herstellung. Ein weiterer Vorteil liegt im Vergleich zum spangebenden Fertigungsprozess in der kürzeren Prozesszeit. Der Nachteil liegt vor allem in der begrenzten Lebensdauer der Matrize, da während der Formgebung hohe Umformkräfte auf die Zähne wirken (Choi et al. 1994, König et al. 1992, Szentmihali et al. 1993). **Bild 2-12** zeigt einige Bauteile mit Schrägverzahnungen, welche durch das Fließpressen gefertigt wurden.

Samanta (1975) entwickelte eine weitere Verfahrensvariante zum Hohlvorwärtsfließpressen, mit der gerad- und schrägverzahnte Zahnräder in Vorverzahnungsqualität gefertigt werden können. Ein Rohrabschnitt wird über einen Dorn durch eine verzahnte Matrize gepresst und nach dem Einlegen eines zweiten Rohteils vollständig ausgepresst.

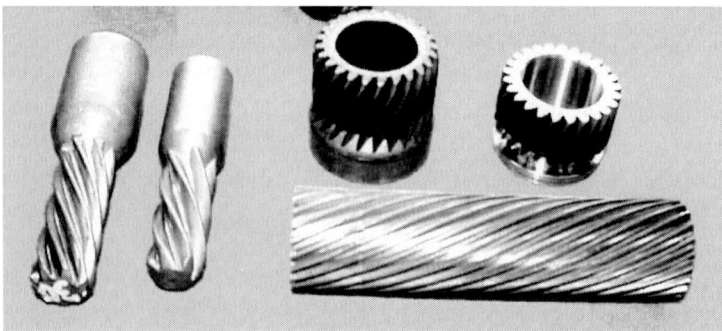

Bild 2-12: Schrägverzahnte Fließpressteile (Altan et al. 2004)

Weitere Arbeiten zur analytischen und numerischen Beschreibung des Fließpressens von Schrägverzahnungen sind von Yang et al. (1986, 1994) und Park et al. (1994) durchgeführt worden. Der betrachtete Prozess sieht eine konische Matrize mit Schrägverzahnung vor. Der Schwerpunkt der Arbeiten lag in einer numerischen Beschreibung des Prozesses, basierend auf der oberen Schranke-Methode. Darüber hinaus wurde das Verfahren numerisch und experimentell analysiert. Es wurden verschiedene Werkstückgeometrien analysiert, indem beispielsweise die Zähnezahl verändert wurde. Weiterhin wurde der Reibwert in der Simulation variiert, um seinen Einfluss auf die Bauteilgeometrie zu untersuchen. Der Reibwert betrug bei den Untersuchungen maximal $m = 0{,}3$, welcher für das Kaltfließpressen ohne Schmiermittel nicht unüblich ist. Bei diesen Untersuchungen stellte sich heraus, dass die Reibung einen wesentlichen Einfluss auf den Steigungswinkel hat. Hierbei steigt der Steigungswinkel im Bauteil mit abnehmender Reibung. Auch der Bauteilquerschnitt verformt sich bei Änderung der Reibung unterschiedlich (**Bild 2-13**). Allerdings wurde keine Auswertung und Analyse der Zusammenhänge durchgeführt.

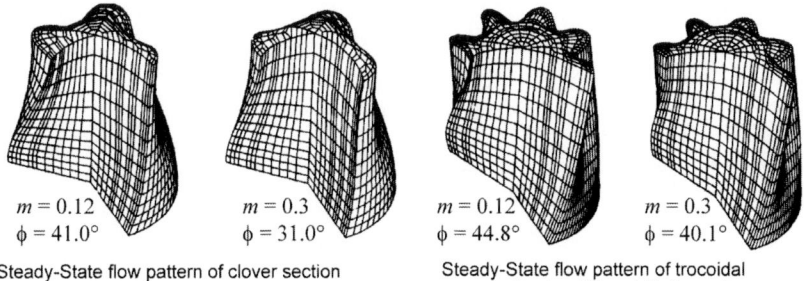

$m = 0.12$ $m = 0.3$ $m = 0.12$ $m = 0.3$
$\phi = 41.0°$ $\phi = 31.0°$ $\phi = 44.8°$ $\phi = 40.1°$

Steady-State flow pattern of clover section by different friction values

Steady-State flow pattern of trocoidal gear section by different friction values

Bild 2-13: Einfluss der Reibung auf den Steigungswinkel und auf die Querschnittsgeometrie beim Fließpressen, Park et al. (1994)

Diese Erkenntnis soll im Rahmen der vorliegenden Arbeit bei der Auslegung der Strangpressmatrize, insbesondere der Führungsflächen, berücksichtigt werden. Zu beachten ist ebenfalls, dass das Niveau der Reibung beim Aluminiumstrangpressen wesentlich höher ist als der beim Fließpressen. Vermutlich ist der Einfluss der Reibung auf den Steigungswinkel stärker ausgeprägt. Dieses sowie die Klärung der Zusammenhänge sind Gegenstand der geplanten Untersuchungen in dieser Arbeit.

2.2.2 Strangpressen von Rohren mit dünnwandiger Verzahnung

Ein von Shiraishi (2008) entwickeltes und patentiertes Verfahren beschreibt eine Methode und eine Vorrichtung zur Herstellung von hohlen Druckwalzen mit dünner Schrägverzahnung. Die Methode sieht eine bewegliche Matrize zur Beeinflussung des Werkstoffflusses vor. Die Matrize besteht aus mehreren segmentierten Scheiben, die einzeln verdreht werden können. Durch den eingestellten Winkel zwischen den einzelnen Matrizenelementen kann der Steigungswinkel im Profil gesteuert werden (**Bild 2-14**).

Dieses Verfahren wurde im Weiteren von Nikawa et al. (2008) untersucht. Hierbei wird ein Block durch eine segmentierte Matrize schrittweise gepresst, unter Steuerung der Matrizenform sowie mithilfe eines zusätzlichen sich drehenden Innendorns. Die Dorndrehung soll zur Erhöhung des Steigungswinkels dienen. Des Weiteren wurde ein zweiter Dorn (additive Mandrel) eingesetzt, dessen Länge bei den Versuchen variiert wurde (**Bild 2-15**).

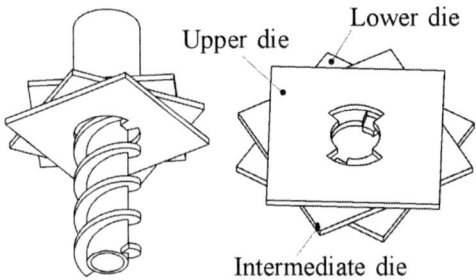

Bild 2-14: Aufbau der Matrize zur Erzeugung der Spiralform nach Shiraishi (2008)

Bei diesen Untersuchungen wurde Kunststoff als Presswerkstoff eingesetzt. Als wesentliches Ergebniss dieser Untersuchungen konnte ein Einfluss der Drehgeschwindigkeit des Dornes auf die Verzahnungsdicke und auf den Steigungswinkel ermittelt werden. Mit zunehmender Drehgeschwindigkeit nimmt der Steigungswinkel zu, dafür aber die Verzahnungsdicke ab. Eine Erklärung hierfür wurde in der Veröffentlichung nicht gegeben. Für die Metallumformung ist der vorgestellte Prozess aufgrund des komplexen Aufbaus der Innendorne und deren Steuerung allerdings nur bedingt einsetzbar. Zusätzlich können die in dieser Arbeit erzielten Ergebnisse mit dem Kunststoff nicht übertragen werden, da sich der eingesetzte Werkstofffluss von dem bei Metallen deutlich unterscheidet.

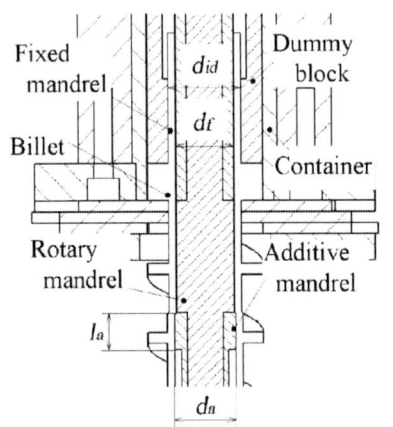

Bild 2-15: Strangpressen von Kunststoff mit rotierendem Dorn nach Nikawa et al. (2008)

Stand der Technik

2.2.3 Strangpressen mit rotierender Matrize

Eine weitere Methode zur Herstellung von schraubenförmigen Bauteilen wurde von Park (2008) vorgestellt. Dieses Verfahren sieht eine sich drehende Matrize vor. Die Führungsflächen der eingesetzten Matrize verlaufen konisch und zeitgleich auch spiralförmig (**Bild 2-16**). Das Ziel der Untersuchung war die Reduzierung der Presskräfte durch Überlagerung der Schub- und der Axialspannungen. Dieses Verfahren wurde ausschließlich numerisch mit dem Programm DEFORM 3D untersucht. Als wesentliche Ergebnisse konnten zum einen die für die Steigung geeignete Drehgeschwindigkeit der rotierenden Matrize ermittelt und zum anderen die Reduzierung der Kraft nachgewiesen werden. Weiterhin wurde ein Vergleich mit einer rotierenden und einer stehenden Matrize durchgeführt, um deren Einfluss auf den erzielbaren Steigungswinkel herauszufinden. Dabei führt die rotierende Matrize zu einer Erhöhung des Steigungswinkels und zur Reduzierung der Presskraft. Da es sich ausschließlich um FEM Simulationen handelt, ist zu vermuten, dass eine kontinuierliche Rotation der Matrize ab einer gewissen Drehung zum Abscheren des Werkstoffes führen kann, und somit der Steigungswinkel nur minimal gesteigert wird.

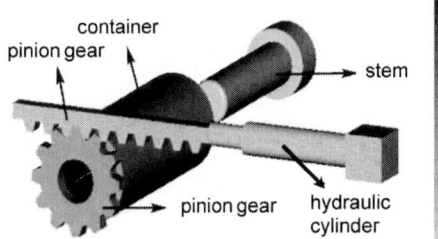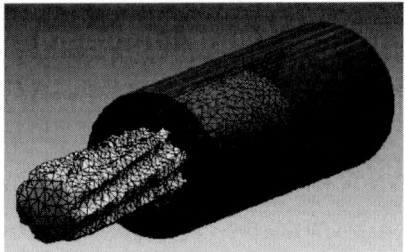

Bild 2-15: Verfahrensprinzip Strangpressen mit rotierender Matrize nach Park (2008)

2.2.4 Strangpressen von schraubenförmigen Rohren

Ein Patent aus Canada von Lawrence (2008) beschreibt ein weiteres Verfahren zur Herstellung von hohlen schraubenförmigen Rohren. Es wird dabei von einem einfachen Rohr oder von einem Block als Halbzeug ausgegangen, die mithilfe einer formgebenden Matrize profiliert werden. Je nach relativer Rotation zwischen den Werkzeugsegmenten (Werkzeugelement Nr. 120 in **Bild 2-17**) und dem Profil kann eine endlose, schraubenförmige Profilierung mit flexibler oder konstanter Steigung durch das kontinuierliche Pressen realisiert werden. Allerdings gibt es keinen Nachweis der Machbarkeit sowie keine Ergebnisse einer möglichen Verfahrensanalyse.

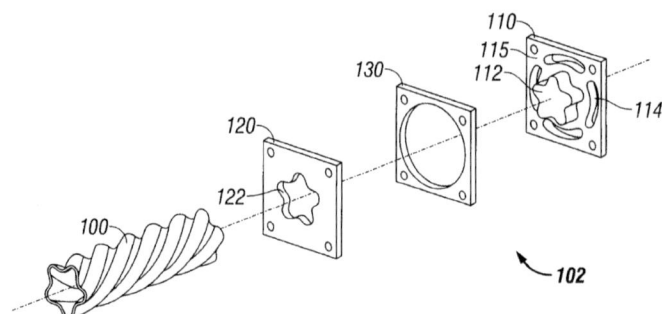

Bild 2-16: Erzeugung von schraubenförmigen Profilen durch ein segmentiertes formgebendes Werkzeug nach Lawrence (2008)

2.2.5 Verdrehen

Das Verdrehen gehört nach DIN 8587 zur Verfahrensgruppe Schubumformen, wobei ein fester Körper überwiegend oder ausschließlich durch eine Schubbeanspruchung umgeformt wird. Im Vergleich zu anderen Gruppen der Umformverfahren umfasst die Gruppe des Schubumformens nur wenige Verfahren, mit vergleichsweise geringer Anwendung und industrieller Bedeutung (Jahnke 1978, Lange 2002).

Beim Verdrehen wird das Werkstück durch eine Drehbewegung der in der Umformzone benachbarten Querschnittsflächen um eine gemeinsame Achse unter einem bestimmten Verdrehwinkel gegeneinander verlagert. Die Umformzone steht nicht unmittelbar unter der Einwirkung eines Werkzeugs. Bei den Verfahrensvarianten Verwinden oder Schränken von Stäben oder Formteilen wird das Werkstück im Ganzen oder örtlich verdreht (DIN 8587). Die Gestalt des Werkstückquerschnitts ist maßgeblich für die Ausbildung der Werkstoffbewegung. Das Verdrehen wird beispielsweise bei der Herstellung von Kurbelwellen, die zuvor freiformgeschmiedet wurden, eingesetzt. Nach Neubauer (1986) findet das Verfahren weiterhin für die Herstellung von Steinbohrern, Propellern, Schiffsschrauben usw. Anwendung.

Im Bereich der Elastostatik wird die Torsion von Profilstäben behandelt, wobei nur der elastische Bereich betrachtet wird. Für die Berechnungen des Verdrehwinkels kann das Hooke'sche Gesetz genutzt werden. Bei der Torsion von Profilstäben im elastischen Bereich treten Schubspannungen auf, die nach dem Hooke'schen Gesetz wie folgt berechnet werden können:

$$\tau_{max} = \frac{M}{W_t} \qquad (2\text{-}10)$$

Stand der Technik 25

mit W_t = Torsionswiderstandsmoment, das unmittelbar von der Profilgeometrie abhängt.

Um im elastischen Bereich zu bleiben, darf die maximale Schubspannung τ_{max} die zulässige Schubfließspannung nicht überschreiten. Die oben genannte Formel und die Werte für den Torsionswiderstand W_T gelten nur bei der Annahme, dass der Querschnitt bei der Torsion unverändert konstant bleibt.

Neben ihrer Anwendung zur Fertigung von Produkten wird die Schubumformung durch Verdrehen als Torsionsversuch zur Ermittlung der Fließkurve eines Werkstoffs eingesetzt (Pöhlandt 1977, Gräber 1990). Der Torsionsversuch ist frei von Reibungseinflüssen und lässt große Formänderungen zu (Dahl 1993). Vor allem, wenn Werkstoffkennwerte für hohe Umformgrade und hohe Umformgeschwindigkeiten ermittelt werden sollen, reicht ein Zug- oder Stauchversuch ohne Anwendung von Extrapolation nicht mehr aus. Um Fließkurven bei Temperaturen oberhalb der Rekristallisierungstemperatur für einen Werkstoff zu bestimmen, kann ein Warmtorsionsversuch durchgeführt werden.

Zu den wichtigsten geometrischen Größen beim Torsionsversuch gehören die Probenlänge L_P, der Probendurchmesser D_P, die Scherung γ_R und der Verdrehwinkel Φ (**Bild 2-18**). Beim Torsionsversuch wird das Drehmoment M_t über dem Verdrehwinkel Φ aufgenommen, um so die Fließspannung k_f und die Fließkurve zu ermitteln.

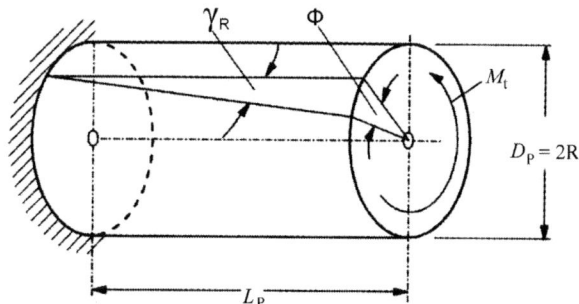

Bild 2-17: Geometrische Parameter der Torsionsprobe (Gräber 1990)

Zunächst wird die Schubspannung τ zum Zeitpunkt der plastischen Formänderung ermittelt. Nach dem Ansatz von Ludwik und Scheu kann die Schubspannung τ über das Drehmoment M_t wie folgt berechnet werden (Pöhlandt 1977):

$$\tau = \frac{1}{2\cdot\pi\cdot R^3}\left[3M_t + \gamma_R\cdot\frac{dM_t}{d\gamma_R}\right] \tag{2-11}$$

Die Scherung γ_R ergibt sich aus:

$$\gamma_R = \frac{\Phi \cdot R}{L_P} = \frac{2 \cdot \pi \cdot U \cdot R}{L_P} \qquad (2\text{-}12)$$

mit U die Anzahl der Umdrehungen.

Nach Pöhlandt (1977) ist die Schubspannung τ auch von der Drehgeschwindigkeit des Drehmomentes $dM_t/d\dot\gamma_R$ abhängig:

$$\tau = \frac{1}{2 \cdot \pi \cdot R^3}\left[3M_t + \gamma_R \cdot \frac{dM_t}{d\gamma_R} + \dot\gamma_R \cdot \frac{dM_t}{d\dot\gamma_R}\right] \qquad (2\text{-}13)$$

Beim konventionellen Torsionsversuch ist die Probe an einem Ende fest eingespannt und das andere Probenende in Längsrichtung frei verschiebbar. Folglich kann angenommen werden, dass nur Scherspannungen auftreten, und somit hat der Spannungstensor folgende Form:

$$\sigma_{ij} = \begin{pmatrix} 0 & \tau_{xy} & 0 \\ \tau_{yx} & 0 & 0 \\ 0 & 0 & 0 \end{pmatrix} \qquad (2\text{-}14)$$

Daraus ergibt sich folgende Vergleichsspannung nach von Mises:

$$\sigma_v = \sqrt{\frac{1}{2}[\underbrace{(\sigma_x - \sigma_y)}_{0}{}^2 + \underbrace{(\sigma_y - \sigma_z)}_{0}{}^2 + \underbrace{(\sigma_z - \sigma_x)}_{0}{}^2] + 3(\underbrace{\tau_{xy}^2}_{\tau^2} + \underbrace{\tau_{yz}^2}_{0} + \underbrace{\tau_{zx}^2}_{0})} \qquad (2\text{-}15)$$

$$k_f = \sigma_v = \sqrt{3}\tau \quad \Rightarrow \quad \tau = \frac{k_f}{\sqrt{3}} \qquad (2\text{-}16)$$

Die zuvor genannten Formeln zur Berechnung der Schubspannung τ gelten nur für Torsionsproben mit runder Rohrquerschnittsfläche. Beispielsweise kommt es bei der Torsion von rechteckigen Querschnitten zu Querschnittsverwölbungen. Nach Pöhlandt und Tekkaya (1985) können aufgrund der veränderten Querschnittsflächen die oben beschriebenen Formeln nicht mehr zur Berechnung der Größen genutzt werden.

Stand der Technik 27

2.3 Einsatz von Schraubenrotoren

Im Rahmen dieser Arbeit wurde die Geometrie eines Schraubenrotors als Demonstrator gewählt, deshalb werden im Folgenden seine Funktionsweise sowie seine Eigenschaften vorgestellt. Schraubenrotoren sind die Hauptbestandteile einer Schraubenmaschine. Schraubenmaschinen sind je nach Beaufschlagungsrichtung (**Bild 2-19**) als Kompressoren oder als Motoren einsetzbar, wobei der Einsatz als Schraubenkompressor die weiteste Verbreitung gefunden hat (Janicki 2007). Das gemeinsame Kennzeichen aller Verdrängermaschinen ist ein gekapselter Arbeitsraum, dessen Größe sich während eines Arbeitsspiels zyklisch verändert. Die schraubenförmig ineinandergreifenden Rotoren drehen sich in einem eng umschließenden Gehäuse und bewirken dadurch die für Verdrängermaschinen typische zyklische Volumenänderung ihres Arbeitsraumes. Prinzipiell existieren sowohl zwischen den Rotoren wie auch zwischen Rotoren und Gehäuse arbeitsraumbegrenzende Spalte und Verluste. Dadurch ist der Arbeitsraum nicht vollständig geschlossen (Helpertz 2003).

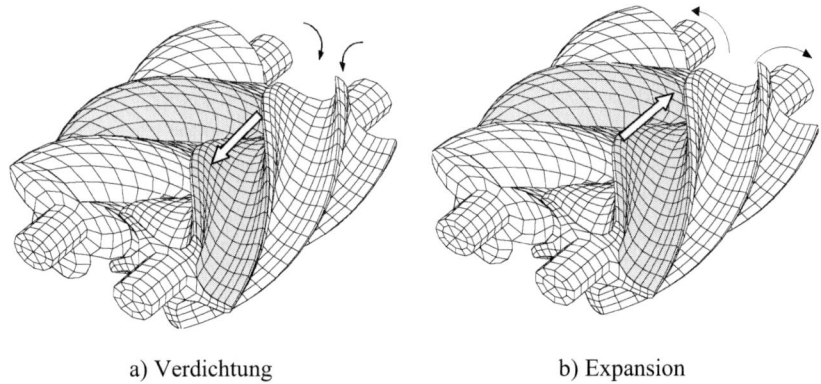

a) Verdichtung   b) Expansion

Bild 2-18: Arbeitsweise von Schraubenkompressor (a) und Schraubenmotor (b), (Helpertz 2003)

Wegen ihres einfachen Aufbaus, der hohen Energiewandlungsgüte und des geringen Bauvolumens haben Schraubenmaschinen eine große Verbreitung als Kompressoren gefunden. Industriell finden sie Verwendung bei der Kompression von Gasen und Dämpfen sowie Kältemitteln. Unterschieden werden dabei öleingespritzte Maschinen, vorwiegend als Drucklufterzeuger oder in der Kälte- und Klimatechnik eingesetzt, und trockenlaufende Maschinen, die zumeist als Prozessgaskompressoren zum Einsatz kommen.

Ein relativ neues Anwendungsgebiet der Schraubenmaschine ist die mechanische Auflladung von Verbrennungsmotoren (Kauder und Romba 1998). Ein zukünftiger

Anwendungsbereich wird im Bereich der alternativen Fahrzeugantriebe, als Kompressor und Expander bei der Luftversorgung von Brennstoffzellen und ebenfalls im Automobilsektor gesehen, Kauder und Temming (2001). Auch im Bereich der stationären Brennstoffzellensysteme stellt der Schraubenkompressor eine Alternative zu den bisher verwendeten Strömungs- oder Verdrängermaschinen dar, wenn dies seine Herstellungs- und Montagekosten zulassen.

Nach Dudenhöffer (2001) stellt sich gerade im Bereich der Automotive-Anwendungen von Schraubenmaschinen die Frage nach zukünftigen Fertigungsmethoden, zum einen für die gesamte Maschine und im Speziellen für die komplizierte engtolerierte Geometrie der Schraubenrotoren. Selbst wenn man in der Entwicklungsphase und nach Anlauf der Serienproduktion von Brennstoffzellenfahrzeugen zunächst nur von einem eher kleinen Marktanteil ausgeht (0,3% (50.000 Fahrzeuge) im Jahr 2010, über 2% (300.000 Fahrzeuge) im Jahr 2015, zu 20% (3 Mio. Fahrzeuge) im Jahr 2020), sind die damit verbundenen Stückzahlen mit den heute üblichen Fertigungsverfahren und Fertigungskapazitäten kaum zu erreichen (Dudenhöffer 2001). Weiterhin liegen die Kosten heutiger Schraubenlader z.b. für Verbrennungsmotoren noch deutlich oberhalb der zukünftig angestrebten Maximalkosten.

Derzeit werden im Bereich der Schraubenlader für Verbrennungsmotoren und in der Prototypenentwicklung für Brennstoffzellenanwendungen spanende und in geringem Umfang urformende Fertigungsverfahren eingesetzt. Die spanende Bearbeitung des Rotors ist dabei zeit- und kostenintensiv und scheint für eine Massenproduktion eher ungeeignet zu sein. Bei der urformenden Fertigung wird der Rotor endmaßnah gegossen und anschließend spanend nachbearbeitet oder direkt ohne Nachbearbeitung mit thermischer Nachbehandlung aus einem keramischen Verbundwerkstoff gegossen.

Durch umformende Fertigungsverfahren könnten die Fertigungskosten bei der Herstellung von Schraubenmaschinen in größeren Stückzahlen deutlich gesenkt werden. Die Fertigungsverfahren müssen allerdings den hohen Präzisionsanforderungen bei einer komplexen Geometrie der Rotoren gerecht werden, da die Toleranzen die Spaltsituation in der Maschine und damit auch unmittelbar die Energiewandlungsgüte beeinflussen.

Erste Ansätze im Bereich der Umformtechnik im Schraubenmaschinenbau verfolgt seit einigen Jahren die schwedische Firma Opcon Autorotor. Opcon produziert in Kleinserie Schraubenlader-Nachrüstbausätze zur Aufladung von Verbrennungsmotoren und seit Kurzem auch Schraubenlader und -expander für Brennstoffzellenanwendungen. Die Gehäuse der Schraubenmaschinen werden in einem Strangpressverfahren aus Aluminium hergestellt.

Durch den Einsatz von innovativen Umformverfahren könnte der Zerspanungsprozess deutlich minimiert und dadurch die Fertigungskosten reduziert werden. Die Umform-

Stand der Technik

technik kann damit neue Perspektiven für den Leichtbau und für kostengünstigere und umweltgerechtere Produkte eröffnen. Die zu untersuchenden Produktionsverfahren müssen den hohen Genauigkeitsanforderungen einer komplexen Geometrie der Rotoren gerecht werden. Eine Veränderung der Rotorform (Profilform) beeinflusst die Eingriffsverhältnisse der Verzahnung und dadurch die Form und Lage der arbeitsraumbegrenzenden Spalte einer Schraubenmaschine sowie die Ausnutzung des Bauraumes. Diese Eigenschaften haben wiederum einen signifikanten Einfluss auf das physikalische Verhalten der Maschine, wie etwa den Wirkungsgrad oder die Betriebssicherheit (Helpertz 2003).

Bei den Rotorgeometrien muss zwischen Haupt- und Nebenrotor unterschieden werden. Im Rahmen dieser Arbeit wird überwiegend der Hauptrotor als Demonstratorgeometrie betrachtet. Die Nebenrotorgeometrie und die Zähnezahl resultiert aus der Hauptrotorgeometrie. Die wichtigsten Geometrieparameter eines Schraubenrotors stellen der Steigungswinkel auch Umschlingungswinkel genannt, sowie das Längen-Durchmesser-Verhältnis dar. Durch beide Geometrieparameter werden u.a. die Größe der Laderein- und Auslassfläche und damit die Drosselverluste während des Ladungswechsels beeinflusst (Hauser 2010). Die für die Energiewandlungsgüte bedeutsame Ladungswechseldissipation ist zusätzlich geschwindigkeits- und damit drehzahlabhängig, sodass die Festlegung des Steigungswinkels und des Längen-Durchmesser-Verhältnisses nur für jeweils einen Betriebspunkt optimal erfolgen kann (Hauser 2010). Je nach Lage des gewünschten Laderoptimums haben sich Hauptrotorsteigungswinkel im Bereich zwischen 90° und 150° sowie Längen-Durchmesser-Verhältnisse L/D zwischen 1,1 und 1,5 als günstig erwiesen. Bei niedrigeren Steigungswinkeln muss das L/D-Verhältnis oder die Drehgeschwindigkeit vergrößert werden, um den gleichen Wirkungsgrad einzuhalten.

Die Voraussetzungen für thermodynamische Beurteilungen verschiedener Schraubenmaschinen sind aus dem Herstellungspfad abzuleiten. Hierbei müssen Erkenntnisse über die Konturgenauigkeit und über Steigungswinkelfehler der Rotoren vorliegen. Dieser Fehler steht in Abhängigkeit zu einem Mindestabstand (Spalthöhe) zwischen den Rotorpaaren. Eine Minimierung dieser Spalthöhe entspricht einer Reduzierung des Toleranzbereiches des Steigungswinkelfehlers, somit muss die Genauigkeit der Fertigung zunehmen. Die in trockenlaufenden Schraubenmaschinen verwendeten Spalthöhen für den Profileingriff bewegen sich im Bereich von etwa 0,08 bis 0,15 mm, abhängig von der Baugröße, und sind auf Druckverhältnisse, Drehzahlen und Materialeigenschaften der Maschinen abgestimmt.

Eine geometrische Variation wie die des Steigungswinkels führt nach Weckes (1994) zu einer Änderung sämtlicher Spaltlängen der Maschine bei konstant gehaltenem Kammervolumen und beeinflusst somit die Energiewandlungsgüte signifikant. Die

Länge des Profileingriffsspaltes und die Größe der Kopfrundungsöffnung nehmen bei einer Verkleinerung des Steigungswinkels zu. Der Grund für die Vergrößerung dieser Spaltlängen ist die zunehmende Rotorsteigung bei abnehmendem Steigungswinkel. Durch eine Erhöhung der Rotorsteigung stehen die Zahnflanken von Haupt- und Nebenrotor in einem spitzeren Winkel zueinander. Die Vergrößerung des Profileingriffsspaltes und der Kopfrundungsöffnung resultiert aus der axialen Verzerrung infolge der erhöhten Rotorsteigung. Die Gehäusespaltlängen von Haupt- und Nebenrotor zeigen ein entgegengesetztes Verhalten zum Profileingriffsspalt und zur Kopfrundungsöffnung.

2.4 Fazit zum Stand der Technik

In diesem Abschnitt konnte gezeigt werden, dass das Strangpressen ein vielversprechendes Verfahren zur wirtschaftlichen Herstellung von komplexen Profilen darstellen könnte. Durch die verschiedenen Methoden zur Umlenkung des Werkstoffflusses, wie beispielsweise durch das Runden beim Strangpressen, ist zu erwarten, dass sich der Werkstofffluss durch Überlagerung einer Verdrehung oder auch durch gezielte Gestaltung der Führungsflächen der Strangpressmatrize ebenfalls schraubenförmig einstellt, womit dann Profile wie Schraubenrotoren in einem Prozessschritt hergestellt werden können. Es kann bei der Matrizengestaltung auf den Erfahrungen aus dem Fließpressen aufgebaut werden, wobei hier auf die massiven Unterschiede der tribologischen Bedingungen geachtet werden soll. Die Entwicklung von zwei innovativen Strangpressverfahren zur Herstellung schraubenförmiger Profile stellt damit einen wesentlichen Schwerpunkt dieser Arbeit dar.

Ein weiteres Verfahren stellt das Verdrehen von geraden Halbzeugen dar, das industriell bereits für ausgewählte Bauteile für die Kleinserie eingesetzt wird. Erkenntnisse über die Geometriegenauigkeiten oder Steigungswinkelverläufe konnten in der Literatur nicht gefunden werden.

Im Bezug auf die Toleranzen der Bauteilgeometrie gibt es im Bereich der Umformtechnik nur wenige Verfahren, mit denen enge Toleranzen erzielt werden können. Besonders hervorzuheben ist das Innenhochdruckumformverfahren, mit dem blechförmige oder auch rohrförmige Bauteile mit sehr hoher Genauigkeit erzeugt werden können. Allerdings konnten in der Literatur keine Arbeiten gefunden werden, die sich mit der Innenhochdruckumformung von schraubenförmigen Werkstücken beschäftigen. Die Eignung dieses Verfahrens soll zunächst anhand einer Machbarkeitsstudie erprobt werden.

3 Zielsetzung der Arbeit

Stetig steigende Kraftstoffpreise sowie neue Gesetzgebungen hinsichtlich niedriger Emissionsgrenzwerte stärken den notwendigen Fortschritt im Leichtbau sowie in der Motorenentwicklung von Kraftfahrzeugen. Der Einsatz von Leichtbauwerkstoffen wie Aluminium und Magnesium im Karosseriebau zur Reduzierung des Gesamtgewichtes gewinnt zunehmend an Bedeutung. Weiterhin befinden sich die kontinuierliche Verbesserung konventioneller Antriebskonzepte, die Verwendung hybrider Antriebe oder der kombinierte Einsatz von Brennstoffzellen derzeit in der Entwicklung. Kleinere Motoren, Steigerung der Leistung und des Motorwirkungsgrades und eine daraus resultierende Gewichtseinsparung lassen die Material- und Herstellkosten des gesamten Verbrennungsmotors sinken. Alternative mechanische Aufladertechniken weisen ein deutlich dynamischeres Beschleunigungsverhalten und zugleich einen hohen Ladedruck im unteren Drehzahlbereich auf. Ein einfacher Aufbau sowie ein kleines Bauvolumen in Verbindung mit einer hohen Energiewandlungsgüte zeichnen den Schraubenlader als zukunftsträchtige Alternative im Vergleich zu bisher verwendeten Verdrängermaschinen als Aufladeraggregat von automotiven Verbrennungsmotoren aus.

Anstatt der aufwendigen konventionellen Fertigung durch das Gießen einer Vorform und anschließenden Zerspanen bzw. durch das Zerspanen aus vollem Material bietet die Umformtechnik zahlreiche Alternativen zur wirtschaftlichen und flexiblen Herstellung. So bietet das Innenhochdruckumformen die Möglichkeit, dünnwandige Profile mit sehr engen Toleranzen herzustellen. Eine weitere Prozessvariante wird in dem Verdrehen von geraden Profilen gesehen, das sich durch eine sehr einfache Prozessführung auszeichnet. Sehr großes Potenzial bietet darüber hinaus die Umlenkung des Werkstoffflusses beim Strangpressen sowohl durch den Einsatz von externen Führungswerkzeugen als auch durch die Entwicklung neuartiger Strangpressmatrizen. All diese genannten Prozesse zeichnen sich durch spezifische Verfahrenscharakteristika aus, die mit Bezug auf die Geometrie zu unterschiedlichen Bauteileigenschaften führen. Das Ziel der vorliegenden Arbeit ist es daher zunächst die Eignung der genannten Verfahren hinsichtlich der Fertigung von komplexen schraubenförmigen Profilen grundlegend zu analysieren. Dabei stellen die Genauigkeit des Profilquerschnittes sowie des Steigungswinkels ein wesentliches Auswertekriterium dar.

Der Schwerpunkt dieser Arbeit liegt in der Entwicklung und Untersuchung von zwei neuartigen Verfahrensvarianten des Strangpressens, zum einen im externen Tordieren beim Strangpressen, wodurch der Werkstofffluss mithilfe eines externen Führungswerkzeugs derart umgelenkt wird, dass schraubenförmige Profile erzeugt werden. Zum anderen soll, basierend auf den entwickelten Fließpressverfahren von schraubenförmigen Bauteilen, ein neues Verfahren zum internen Tordieren beim Strangpressen durch eine neuartige Gestaltung von Strangpressmatrizen entwickelt und analysiert werden. Weiterhin sollen die Umformmechanismen bei beiden Verfahrensvarianten analysiert und die Frage beantwortet werden, welche Faktoren die Verdrehung des Werkstoffflusses beeinflussen können. Eine wesentliche Frage stellt sich beim externen Tordieren beim Strangpressen, ob es sich bei der Umlenkung des Werkstoffflusses um ein an dem Strangpressen nachgeschaltetes Warmverdrehen handelt, oder vielmehr um eine Beeinflussung des Werkstoffflusses. Um diese Frage zu beantworten, sollen die am Führungswerkzeug wirkenden Torsionsmomente aufgenommen und mit dem konventionellen Verdrehen verglichen werden. Zusätzlich bietet die Auswertung der Konturgenauigkeit weitere Erkenntnisse zum Verständnis dieser Mechanismen. Bzgl. des internen Tordierens beim Strangpressen liegt der Fokus auf der Analyse und Optimierung des Werkstoffflusses zur Erzeugung von Profilen mit hoher Konturgenauigkeit sowie auf der Ermittlung von Zusammenhängen zwischen den prozess- und geometriebedingten Parametern sowie dem erzielten Steigungswinkel.

Im Anschluss an die Verfahrensuntersuchungen sollen Kriterien für die Gestaltung der Profilgeometrie sowie für die Prozessführung abgeleitet werden, die zur gezielten Erhöhung des Steigungswinkels bei hoher Querschnittsgenauigkeit führen.

Die sich daraus ergebenden Teilziele dieser Arbeit lassen sich wie folgt zusammenfassen:

- Analyse und Qualifizierung von geeigneten Umformverfahren zur Herstellung von schraubenförmigen Profilen. Hierbei wird insbesondere die Eignung der Verfahren Innenhochdruckumformen sowie Verdrehen anhand von numerischen Machbarkeitsanalysen überprüft und bewertet werden (**Kapitel4**). Die grundsätzliche Eignung des Strangpressens liegt anhand der im Stand der Technik aufgeführten Arbeiten zur Umlenkung des Werkstoffflusses sowie zum Fließpressen bereits nahe.
- Entwicklung einer Vorrichtung zum externen Tordieren beim Strangpressen und Analyse der Mechanismen des Verfahrens hinsichtlich des Momenten- und Kräftebedarfs. Des Weiteren soll die Herstellung von schraubenförmigen Profilen am Beispiel des Schraubenrotors nachgewiesen werden (**Kapitel 5**).
- Entwicklung von neuartigen Strangpressmatrizen und Grundlagenuntersuchungen zum internen Tordieren beim Strangpressen. Das umfasst die Ermittlung und Analyse der geometrischen sowie prozessbedingten Einflussfaktoren (**Kapitel 6**).
- Zum Abschluss sollen Strategien und Ansätze zur Erhöhung des Steigungswinkels abgeleitet und erprobt werden (**Kapitel 7**).

4 Alternative Fertigungsverfahren

Zur wirtschaftlichen Herstellung komplexer Geometrien, wie z.B. Schraubenrotoren, bietet die Umformtechnik zahlreiche Fertigungsmethoden. In diesem Kapitel soll die Eignung der infrage kommenden Umformverfahren zur Herstellung von engtolerierten Bauteilen analysiert werden. Die Verfahren können unter anderem nach den Geometrieeigenschaften (Querschnittsgeometrie, z.b. Voll- oder Hohlprofil), aber auch hinsichtlich der Länge und der Komplexität der Prozesskette unterteilt werden. Das Hauptkriterium zur Beurteilung der Bauteilqualität stellen die Konturgenauigkeit der Querschnittsgeometrie und des Steigungswinkels dar.

Im Bereich der Massivumformung gibt es umfangreiche Arbeiten zum Fließpressen sowie Strangpressen von schraubenförmigen Profilen, die im Stand der Technik ausführlich dargelegt wurden. Darüber hinaus stellt das Verdrehen eine weitere Alternative zur Herstellung von Schraubenrotoren aus geraden Halbzeugen dar. Bei den in der Literatur untersuchten Beispielen sind wenige Erkenntnisse über den Steigungswinkelverlauf oder die Geometriegenauigkeit vorhanden. Der Einsatz dieses Verfahren soll zunächst anhand von grundlegenden Analysen bewertet werden.

Um eine hohe Konturgenauigkeit zu erzeugen, eignet sich das Innenhochdruckumformung von rohrförmigen Halbzeugen. Jedoch konnten keine Arbeiten gefunden werden, die sich mit der Herstellung von schraubenförmigen Rohren mittels der Innenhochdruckumformung beschäftigen. Dieses Verfahren soll zunächst numerisch untersucht werden, um seine prinzipielle Eignung zur Herstellung von Schraubenrotoren zu überprüfen. Im Folgenden werden die genannten Verfahren hinsichtlich ihrer Eignung anhand des Standes der Technik sowie von Voruntersuchungen analysiert und bewertet.

Abgeleitet aus dem Stand der Technik, eignet sich das Verfahren Strangpressen zur Herstellung von sowohl geraden als auch schraubenförmigen Profilen aufgrund seiner Flexibilität in Bezug auf die Beeinflussung des Werkstoffflusses. Die Umlenkung des Werkstoffflusses kann durch den Einsatz eines Führungswerkzeuges realisiert werden, das das austretende Profil verdreht und somit die Schraubenform erzeugt. Diese Verfahrensvariante, im Folgenden als „externes Tordieren beim Strangpressen" bezeichnet, soll basierend auf den Entwicklungen und Untersuchungen zum Runden beim Strangpressen entwickelt und analysiert werden. Die Übertragbarkeit der Vorteile des Rundens beim Strangpressen, insbesondere die geringeren Umlenkkräfte und die Erzeugung von Profilen mit geringeren bzw. ohne Querschnittsdeformationen, auf das externe Tordieren beim Strangpressen wird im Rahmen dieser Arbeit ebenfalls untersucht und im **Kapitel 5** vorgestellt.

Ein weiterer Ansatz zur Umlenkung des Werkstoffflusses stellt die Entwicklung von speziellen Matrizen dar. Aus den Erfahrungen im Bereich des Fließpressens von schraubenförmigen Bauteilen, das industriell etabliert ist, kann die Machbarkeit zur Herstellung von Schraubenformen eindeutig nachgewiesen werden. Die Übertragung der Erkenntnisse vom Fließpressen auf das Strangpressen von Langprodukten aus Metallen mit deutlich größeren Querschnitten ist aufgrund der geringen Unterschiede in der Prozessführung durchaus denkbar. Weiterhin zeigen u.a. die im Stand der Technik vorgestellten Arbeiten von Nikawa et al. (2008) und Park et al. (2008) zum Strangpressen von Kunststoffen das Potenzial, dass der Werkstofffluss beim Strangpressen auf ähnliche Weise beeinflusst werden kann, nämlich durch den Einsatz von Matrizen mit schraubenförmigem Kanal, um ein schraubenförmig austretendes Profil zu erzeugen. Aus diesen Erkenntnissen soll eine neue Verfahrensvariante des Strangpressens „internes Tordieren beim Strangpressen" entwickelt und analysiert werden, bei der eine neuartige Matrize gestaltet und deren Einfluss auf den Werkstofffluss grundlegend untersucht wird. Die durchgeführten Entwicklungsarbeiten und Grundlagenuntersuchungen zu diesem Prozess werden im **Kapitel 6** dargestellt.

Aufgrund der fehlenden Kenntnisse im Stand der Technik zum Innenhochdruckumformen von schraubenförmigen Profilen sowie zum Verfahren Verdrehen in Bezug auf die erreichbare Geometrie- und Steigungswinkelgenauigkeiten wird im Folgenden die Eignung dieser Verfahren zur Herstellung von schraubenförmigen Profilen analysiert und bewertet. Es werden dafür zunächst grundlegende Untersuchungen zum Prozess sowie zu der Geometrie durchgeführt.

4.1 Innenhochdruckumformen

Da in der Literatur keine Arbeiten zur Herstellung von schraubenförmigen Werkstücken mittels Innenhochdruckumformens gefunden wurden, wird das Verfahren im Folgenden zunächst allgemein vorgestellt. Anschließend wird über die im Rahmen dieser Arbeit durchgeführten Analysen berichtet.

Das Innenhochdruckumformen (IHU) gehört nach DIN 8582 zu den Umformverfahren mit geschlossenen Halbzeugen. Dabei wird der Druck im Hohlraum zwischen Halbzeug und Andocksystem aufgebaut und die Formgebung frei oder formgebunden durch ein umgebendes Werkzeug durchgeführt, wobei die Umformung zusätzlich mit weiteren Umformoperationen überlagert werden kann (Birkert 2000). Allen IHU-Verfahren ist gemein, dass durch eine gezielte Variation der Prozessparameter Wirkmediendruck, Volumenstrom und äußere Kräfte (z.B. zum axialen Nachschieben) eine günstige und definierte Beeinflussung der Umformgeschichte und damit eine effiziente Nutzung des Formänderungsvermögens des eingesetzten Werkstoffes möglich ist. Für die IHU gibt es verschiedene Varianten zur Prozessführung. Zur Herstellung von Rotoren werden insbesondere die folgenden Strategien analysiert. Zum einen das **IHU-Aufweiten**, unter dem das Aufweiten unter reiner Innenhochdruckbeanspruchung zu verstehen ist.

Bei diesem Verfahren findet lediglich eine Zugumformung statt, wobei die Rohrenden je nach Abdichtprinzip fest eingespannt oder axial nahezu frei beweglich gelagert sein können. Da beim Aufweiten kein Werkstoff in die Umformzone nachgeführt wird, erfolgt eine Oberflächenvergrößerung allein aus der Reduktion der Wanddicke. Das Prozessfenster wird (in Abhängigkeit der Randbedingungen wie z.B. der Halbzeuggeometrie) vor allem durch ein Bersten des Werkstücks begrenzt.

Die zweite Prozessstrategie ist das **Aufweitstauchen**, bei der neben den Zugspannungen aus dem Innendruck Druckspannungen aus eingeleiteten Axialkräften entstehen. Dieses Verfahren gehört zu den Zug-Druck-Umformungen und lässt sich in Aufweitstauchen im offenen bzw. geschlossenen Werkzeug untergliedern. Beim Aufweitstauchen im offenen Werkzeug beginnt die Umformung bei geöffneten Werkzeughälften und der Werkzeugkontakt der aufzuweitenden Werkstücke findet erst kurz vor Ende des Umformvorgangs beim Anlegen des Bauteils statt, wobei nahezu keine Relativbewegungen zwischen Werkstück und Werkzeug entstehen. Beim Aufweitstauchen im geschlossenen Werkzeug sind die formgebenden Werkzeughälften vom Beginn des Umformvorgangs an geschlossen. Das Nachschieben des Rohrwerkstoffes in die eigentliche Umformzone (und damit die Einleitung von Druckspannungen) erfolgt mittels zweier, sich relativ zum formgebenden Werkzeug bewegenden Axialstempel. Der Arbeitsbereich beim Aufweitstauchen wird sowohl durch ein Bersten als auch durch eine Faltenbildung begrenzt. Zusätzlich ist das Umformergebnis stark von den tribologischen Bedingungen in der Werkstück-Werkzeug-Wirkfuge abhängig (Seifert 1996, Neubauer et al. 1994).

Charakteristisch für die Geometrie eines Schraubenrotors sind insbesondere die scharfen Kanten bzw. die kleinen Radien. Darüber hinaus müssen die Rotoren enge Toleranzen aufweisen. Mit abnehmendem Krümmungsradius nimmt der Pressdruck zu. Der Zusammenhang zwischen dem Pressdruck p und dem Krümmungsradius wird in der Membrantheorie, nach Marciniak und Duncan (1992), folgendermaßen beschrieben:

$$p = \frac{T_\theta}{r_\theta} + \frac{T_\phi}{r_\phi} \qquad (4\text{-}1)$$

Mit T_θ: die Kraft pro „Meridian-Breite" in Ringrichtung (**Bild 4-1**) und
T_ϕ: die Kraft pro „Ring-Breite" in Meridian-Richtung (**Bild 4-1**)

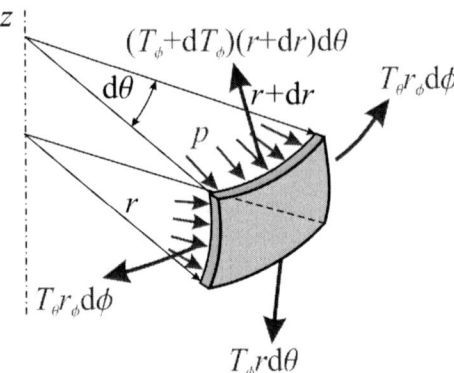

Bild 4-1: Spannungsverteilung in einer Membran unter definiertem Pressdruck

Um die technischen Fragestellungen zu beantworten, wie der Umformgrad mit der Rotorgeometrie und dem Steigungswinkel zusammenhängt und welche Umfangsverhältnisse möglich sind, wurden numerische Untersuchungen vom Prozess sowie von der Geometrie durchgeführt.

4.1.1 Versuchsplan

Zur Analyse der Wechselwirkung zwischen Formänderungsvermögen und Profilgeometrie wurden 12 verschiedene Rotorgeometrien untersucht (Hussain 2007). Diese Profile bestehen grundsätzlich aus vier verschiedenen Querschnitten (**Bild 4-2**), die jeweils drei verschiedene Steigungswinkel aufweisen. Dabei wurde die Zahnbreite variiert bei konstantem Fuß- sowie Kopfkreisdurchmesser. Die Profilgeometrie P1 stellt die Referenzgeometrie zu einem realen Schraubenrotor dar, wie er in der Praxis zu finden ist. Die anderen drei Profile wurden in Kooperation mit dem Fachgebiet Fluidtechnik der Technischen Universität Dortmund hinsichtlich der Zahnbreite modifiziert, um den Einfluss der Geometrie auf die Umformbarkeit zu untersuchen. Das Profil P1 wird als Referenzprofil und die restlichen Profile werden als Vergleichsprofile P2 bis P4 bezeichnet (**Bild 4-2**). Im Hinblick auf die Umformung stellt das Referenzprofil P1 die schwierigste Geometrie aufgrund der kleineren Radiusübergänge sowie auch aufgrund des Umfangsverhältnisses vom Kopfkreis zur Endkontur dar. Das Profil P4 hingegen hat den größten Übergangsradius und den kleinsten Umfang, somit wird hier die größte Formänderung erwartet.

Neben der Variation der Querschnittsgeometrie werden bei allen Rotorgeometrien jeweils die drei Steigungswinkel 60, 90 sowie 120° auf einer Bauteillänge von 100 mm untersucht. Zu beachten ist dabei, dass, je größer der Steigungswinkel wird, desto größer wird die Mantelfläche des Profils, und somit nimmt der Umformgrad bei zunehmendem Steigungswinkel unter gleichbleibender Rotorlänge zu.

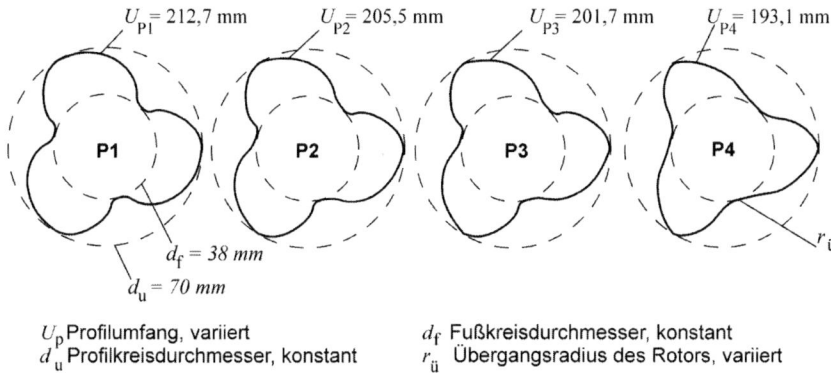

U_p Profilumfang, variiert
d_u Profilkreisdurchmesser, konstant
d_f Fußkreisdurchmesser, konstant
$r_ü$ Übergangsradius des Rotors, variiert

Bild 4-2: Untersuchte Querschnittsgeometrien der Rotoren

Neben der Variation der Profilgeometrien wurden drei Prozessstrategien untersucht:

1. Aufweiten
2. Aufweitstauchen
3. Vorformen der Rohrgeometrie und anschließendes Aufweiten, um Rohrhalbzeuge mit größerem Ausgangsdurchmesser umzuformen und dadurch den geometrischen Umformgrad zu reduzieren.

4.1.2 Modellierung

Die Prozesssimulation des Innenhochdruckumformens wurde mithilfe des Programms PAM-STAMP 2G 2005 durchgeführt. Das FEM-Modell sieht ein Rohr als Werkstück sowie ein zweiteiliges formgebendes Werkzeug vor, wobei ein Teil des Werkzeugs zum Vorformen benutzt werden kann. Für die Modellierung der Prozessvariante mit dem axialen Nachschieben wurde an beiden Rohrenden eine zusätzliche Randbedingung zur axialen Verschiebung hinzugefügt. Des Weiteren wurden zusätzliche Ringe an den Rohrenden vorgesehen, um die Rohrendengeometrie bei der Verfahrensvariante des Vorformens nicht zu verformen und somit die Dichtflächen aufrechtzuerhalten (**Bild 4-3**).

Für die Simulationen wurden die Werkstoffdaten, also die Fließkurve und die Grenzformänderungskurve, für den Edelstahlwerkstoff 1.4301 aus der Literatur verwendet (Anhang, **Bild A-1**). Dieser Werkstoff zeichnet sich durch eine hohe Bruchdehnung aus, was für die geforderten Umfangsverhältnisse zwischen dem Ausgangsrohr und Endprofil erforderlich ist. Der Werkstoff Aluminium hat vergleichsweise eine geringere Bruchdehnung und es wird erwartet, dass die erforderlichen Umformgrade bei den zu untersuchenden Rotoren nicht erreicht werden. Daher wird in dieser Machbarkeitsstudie nur der Edelstahl analysiert. Für die Reibungsmodellierung wurde das Coulomb'sche Modell gewählt. Dabei wurde eine niedrige Reibung zwischen Rohr und Werkzeug angenommen ($\mu = 0{,}05$), um den Werkstofffluss nicht zu hindern. Die Reibung hat insbesondere bei der Verfahrensvariante Aufweitstauchen einen wesentlichen Einfluss auf die Prozesskräfte und auf den Werkstofffluss.

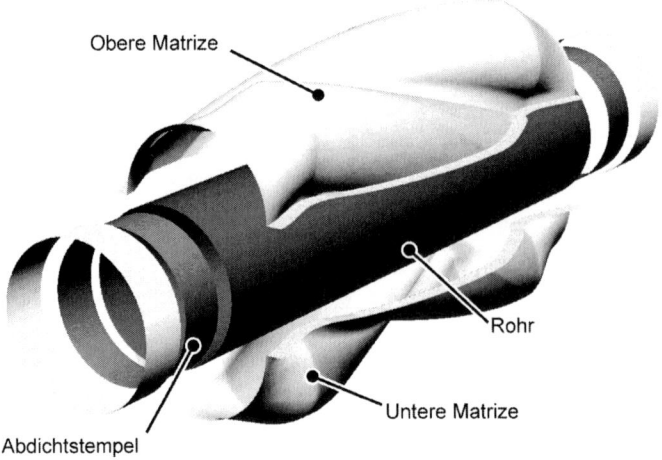

Bild 4-3: Modellaufbau für das Innenhochdruckumformen

Bzgl. der Kraftaufbringung wurde im Rahmen der durchgeführten numerischen Untersuchungen ein Volumenstrom des Wirkmediums von ca. 60.000 mm³/ms für 15 ms beaufschlagt. Der notwendige Pressdruck beträgt hierbei 1.000 MPa, um eine Kalibrierung im Bereich der engen Radien zu gewährleisten.

4.1.3 Ergebnisse der numerischen Untersuchungen

Zur Auswertung des Formänderungsvermögens des zu untersuchenden Werkstückes wurden die Grenzformänderungskurve sowie die Wandstärkenreduktion als Kriterium herangezogen. Es wird die Werkstückgeometrie kurz vor dem Werkstoffversagen ausgewertet und mit der Sollgeometrie verglichen. Da der Einfluss der Wandstärkenreduktion unmittelbar in der FLC berücksichtigt wird, wird auf eine ausführliche Darstellung der Wandstärkenverteilung verzichtet. Die Vorgehensweise wird im Folgenden für den Steigungswinkel 60°/100 mm ausgewertet und diskutiert, der die größtmögliche Umformung erlaubt. Die Ergebnisse zu den anderen Profilgeometrien und Steigungswinkeln werden in der Diskussion herangezogen und sind im Anhang tabellarisch zusammengefasst.

Aufweiten:

Um eine quantitative Auswertung der Ergebnisse zu ermöglichen, werden der Abstand des Rohres zum Werkzeug sowie der resultierende Profilumfang vor dem Versagen analysiert. Zur Bestimmung des Umfangsverhältnisses zwischen dem umgeformten Werkstück und dem Ausgangsrohr, bietet das FE-Programm PAM-STAMP die Möglichkeit, den Abstand zwischen einem Rohrelement und der senkrecht liegenden Werkzeugfläche direkt auszugeben. Wird das Referenzprofil P1 betrachtet (**Bild 4-4**), haben die Elemente, die im Bereich des Zahnkopfes liegen, einen maximalen Abstand zur Werkzeugoberfläche von 10,9 mm. Das Umfangsverhältnis U_V errechnet sich aus dem Profilumfang der aufgeweiteten Kontur vor dem Versagen, geteilt durch den Umfang des Ausgangsrohres. In dem dargestellten Beispiel beträgt der Umfang des Ausgangsrohres 113 mm und der Umfang der aufgeweiteten Kontur 140,3 mm. Das ergibt ein Umfangsverhältnis von 1:1,24. Um die Sollkontur vollständig abzubilden, die einen Umfang von 208 mm aufweist, muss das Umfangsverhältnis 1:1,84 erreichen, was weit entfernt vom maximalen Istwert liegt.

Wird das Vergleichsprofil P4 betrachtet, das den niedrigsten Umfang aufweist, beträgt der Abstand zwischen Profil- und Werkzeugoberfläche maximal 7,5 mm. Das errechnete Umfangsverhältnis ist 1:1,3, wobei das Sollumfangsverhältnis bei diesem Profil bei 1:1,65 ist. Trotz der in Bezug auf die Umformung einfacheren Querschnittsgeometrie konnte das Formänderungsvermögen aufgrund der Komplexität der Rotorgeometrie nicht signifikant erhöht werden.

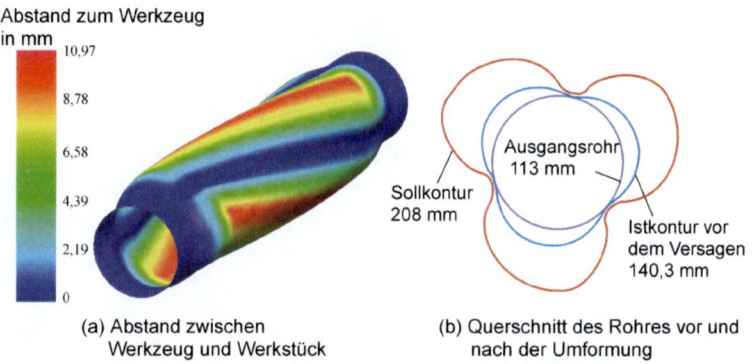

Bild 4-4: Abstand zwischen der Ist- und Sollkontur beim Aufweiten des Referenzprofils P1

Aufweitstauchen

Bei den durchgeführten numerischen Untersuchungen zum Aufweitstauchen konnte nur eine geringe Steigerung des Umfangsverhältnisses beim Referenzprofil von 1:1,24 auf 1:1,29 erreicht werden (**Bild 4-5**). Dabei beträgt der Stauchweg insgesamt 29,4 mm (14,7 mm auf jeder Seite). Anders sieht es beim vermeintlich einfacheren Vergleichsprofil P4 aus. Hier konnte der Abstand zwischen Profil- und Werkzeugoberfläche beim Erreichen der FLC nicht gesenkt und dadurch das Umfangsverhältnis nicht gesteigert werden.

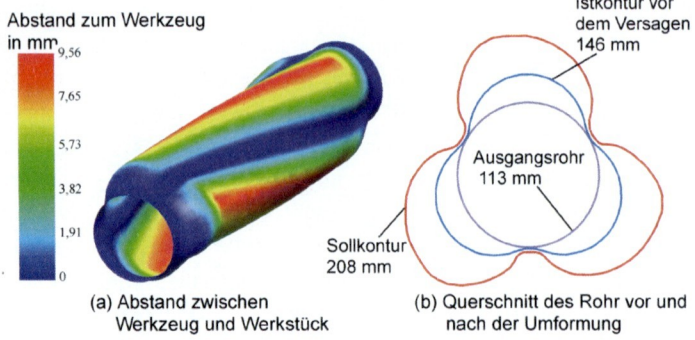

Bild 4-5: Abstand zwischen der Ist und Sollkontur beim Aufweitstauchen des Referenzprofils P1

Prozessfolge Vorformen und Aufweiten

Um größere Umfangsverhältnisse zu erzielen, wurde im Rahmen dieser Studie noch eine dritte Möglichkeit zum Umformen von Hohlprofilen zu Rotoren erprobt. Es handelt sich hierbei um das Vorformen von Ausgangsrohren mit größeren Durchmessern und anschließendem Aufweiten (**Bild 4-6**). Dabei sollte das für die IHU vorgesehene Werkzeug zunächst als Vorformwerkzeug eingesetzt werden. Diese Maßnahme würde die Fertigung von weiteren Vorformwerkzeugen ersparen. Für die Auswertung des Formänderungsvermögens wird im Rahmen dieser Untersuchungsreihe die Wandstärkenverteilung als wesentliches Kriterium gewählt. Der wesentliche Grund hierfür ist, dass der Werkstoff durch das Vorformen zwischen den Werkzeugelementen gestaucht wird und dadurch Falten entstehen können, die zu einer deutlich inhomogeneren Wandstärkenverteilung führen können.

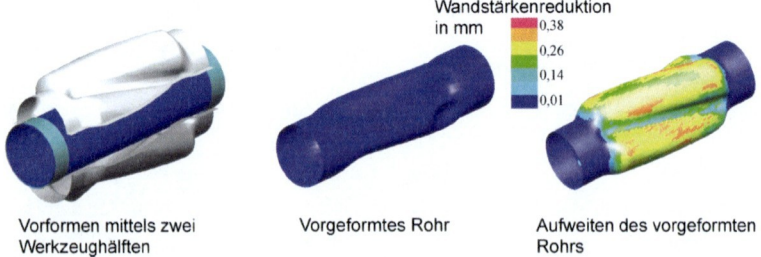

Bild 4-6: Aufbau eines Modells zum Vorformen mit anschließendem Aufweiten

Bei den Simulationen wurde ein Ausgangrohr mit einem Durchmesser von 48 mm eingesetzt. Durch die vorgesehenen Dichtringe an beiden Rohrenden kann die unerwünschte Verformung in diesem Bereich vermieden werden. Allerdings wird der Werkstoff im Bereich nahe dem Rohrende partiell zusammengestaucht, was zur Entstehung einer Falte führt (**Bild 4-7**).

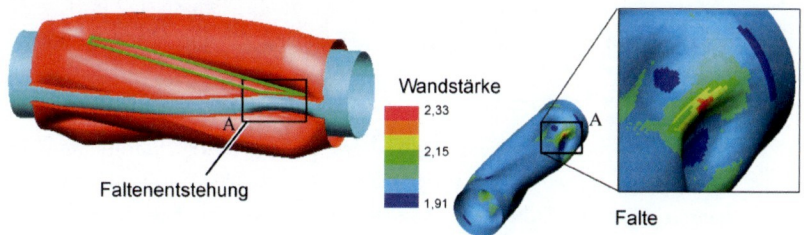

Bild 4-7: Faltenentstehung durch das Vorformen

Bei größeren Durchmessern steigen die Anzahl und die Tiefe der Falten in verschiedenen Rohrbereichen. Der vorgegebene Steigungswinkel im Werkzeug beeinflusst die Faltenentstehung ebenfalls deutlich. Bei einem maximalen Rohrdurchmesser von 52 mm entstehen beim Vorformen mit einem Werkzeug mit Steigungswinkel 60°/100 mm zwei und bei einem Steigungswinkel 120°/100 mm drei Falten. Im Falle des letzteren Steigungswinkels wurde der Rohrdurchmesser auf 50 mm gesenkt, um die Anzahl der Falten von drei auf zwei zu reduzieren. Allerdings führt die Verwendung von kleineren Rohren zwangsläufig zur Vergrößerung des Umformgrades, was nicht zielführend ist. Die Falten wiederum können zum Teil durch das anschließende Aufweiten minimiert werden, allerdings ist der Pressdruck beim Aufweiten bei tieferen Falten bzw. bei Zunahme der Faltenzahl höher, insbesondere wenn diese durch das Vorformen zusätzlich verfestigt werden.

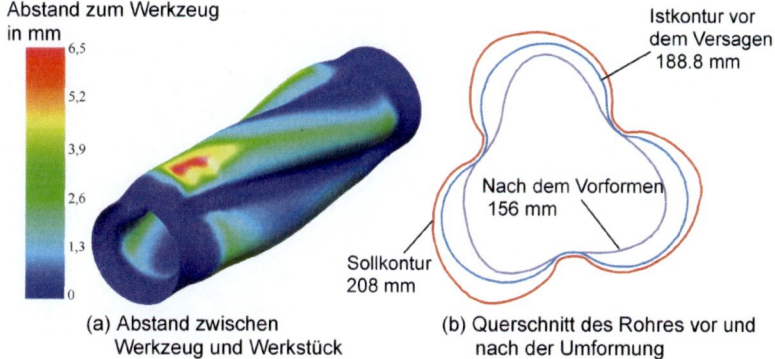

Bild 4-8: Abstand zwischen der Ist- und Sollkontur beim Vorformen und Aufweiten des Referenzprofils

Als Zwischenfazit kann festgehalten werden, dass das Vorformen zwar zu einer Verbesserung des Umfangsverhältnisses gegenüber dem Aufweiten führt, allerdings steigt der Pressdruck aufgrund der aufgetretenen Falten zum Teil auf mehr als 3000 bar an. Trotz der Druckerhöhung können die Falten nicht vollständig entfernt werden, was zu einer unerwünschten Verformung der Querschnittsgeometrie führt (**Bild 4-8**). Auch andere Ausgangsdurchmesser wurden analysiert und die Ergebnisse sind in Bezug auf das Umfangsverhältnis miteinander vergleichbar (Anhang, Tabelle A-1, A-2 und A-3).

4.1.4 Diskussion der Ergebnisse

Die durchgeführten numerischen Analysen des Innenhochdruckumformens haben gezeigt, dass die gewünschte Geometrie unabhängig von der Prozessstrategie nicht erreicht werden kann. In **Tabelle 4-1** sind alle Ergebnisse der Untersuchungen des Referenzprofils P1 zusammengefasst. Die Ergebnisse der anderen drei Vergleichsprofile sind im Anhang in Tabelle A-1, A-2 und A-3 dargestellt. Mit keiner der drei untersuchten Prozessrouten des Innenhochdruckumformens konnte die geforderte Rotorgeometrie annähernd erreicht werden. Das ist vorwiegend auf die engen Werkzeuggradien sowie auf die vorgegebenen Steigungen zurückzuführen. Werden die untersuchten Profile miteinander verglichen, zeigt das Vergleichsprofil P4 erwartungsgemäß die besten Ergebnisse hinsichtlich des maximalen Umfangsverhältnisses, was mit der flacheren konvexen Form begründet wird. Des Weiteren steigt bei größer werdendem Steigungswinkel die Kontaktfläche und somit die Reibkraft, was auch zu früherem Versagen führt. Darüber hinaus hindert die im Werkzeug vorgegebene Steigung ein Nachschieben des Werkstoffes in die Umformzone, daher konnte nur eine minimale Verbesserung des Umfangsverhältnisses mithilfe des überlagerten Nachschiebens erzielt werden.

Bei diesen Untersuchungen wurden bereits Drücke in Höhe von über 1500 bar erreicht. Dieser Druck steigt noch überproportional, wenn Rohre mit größerer Wandstärke umgeformt werden. Die Realisierung einer Versuchs- bzw. einer Fertigungseinrichtung in diesen Dimensionen, die vor allem den hohen Druck bezogen auf kleine Flächen aufnehmen kann, ist technisch und auch wirtschaftlich nur mit erheblichem Aufwand realisierbar. Der Druck steigt weiter signifikant, wenn beim Vorformen zusätzlich noch Falten entstehen, daher stellt auch diese Prozessvariante keine Alternative dar.

Tabelle 4-1: Untersuchungsergebnisse des Referenzprofils P1 mit den drei Verfahrensvarianten

Steigungswinkel in °/100 mm	Referenzprofil P1, **Sollumfangsverhältnis = 1,84**			
	Prozessvariante	Wandstärkenreduktion in %	Ist-Umfang nach Umformung in mm	Ist-Umfangsverhältnis
60	IHU	19,1	140,3	1,24
	Aufweitstauchen	18,9	146	1,29
	Vorformen, IHU	17	188,8	1,67
90	IHU	17	135,1	1,19
	Aufweitstauchen	18	138,6	1,22
	Vorformen, IHU	18,9	180,3	1,59
120	IHU	17,5	134,9	1,19
	Aufweitstauchen	20	143,9	1,27
	Vorformen, IHU	18,9	169,7	1,5

Zusammenfassend zu dieser Studie kann das Verfahren des Innenhochdruckumformens für die Fertigung von schraubenförmigen Profilen mit komplexeren Querschnitten aus dünnwandigen Rohren nicht eingesetzt werden. Somit kann der Hauptvorteil des Verfahrens, Werkstücke mit engen Toleranzen herzustellen, in dieser Anwendung nicht zum Tragen kommen. Mögliche Ansätze zur Verbesserung des Werkstoffflusses beim Nachschieben könnte eine zusätzliche Überlagerung einer Torsion bedingen. Allerdings könnten das IHU als abschließende Kalibrierstufe zur Erzeugung der Endgeometrie eingesetzt werden. Diese Varianten werden im Rahmen dieser Arbeit nicht weiter untersucht.

4.2 Verdrehen von Profilen

Eine einfache Möglichkeit zur Herstellung von endgeometrienahen Rotoren wird auch im Verdrehen von bereits profilierten, jedoch nicht tordieren Profilen gesehen, die beispielsweise durch das Strangpressen oder Profilwalzen erzeugt werden können. Dieses Verfahren sieht auf der einen Seite eine Einspannvorrichtung und auf der anderen Seite eine Verdrehvorrichtung vor (**Bild 4-9**).

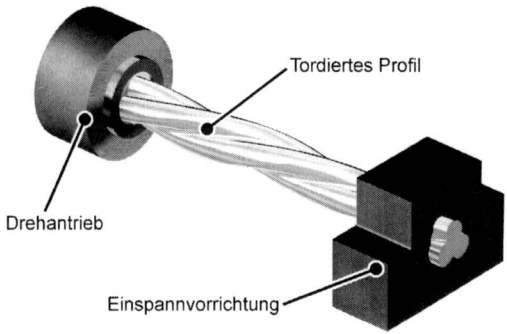

Bild 4-9: Verfahrensprinzip Verdrehen von Profilen

Gemäß dem Stand der Technik wird dieses Verfahren zwar für die Kleinserienfertigung von verschiedenen Bauteilen eingesetzt, wie Kurbelwellen oder Propeller, allerdings fehlen hier jegliche Informationen über die Querschnittsdeformation oder über den Steigungswinkelverlauf. Daher wird die Einsetzbarkeit des Verfahrens anhand theoretischer und experimenteller Untersuchungen analysiert.

Für die Prozessanalyse ist insbesondere die Ermittlung der zu erzielenden Geometrieeigenschaften das wesentliche Auswertekriterium. Von Bedeutung ist hierbei die Genauigkeit der Kontur sowie des Steigungswinkel über der gesamten Profillänge. Analog zur Untersuchung des Innenhochdruckumformens werden die gleichen vier Profilgeometrien des Hauptrotors (P1-P4) zunächst numerisch untersucht. Da in den Schraubenmaschinen immer ein Rotorpaar eingesetzt wird, werden die Nebenrotoren ebenfalls auf den Steigungswinkelfehler und die Abweichung der Querschnittsgeometrie untersucht. Die Nebenrotorgeometrie ist komplexer als die Hauptrotorgeometrie, deswegen wurde sie bei den vorherigen Untersuchungen zum IHU nicht berücksichtigt. Hingegen ist die Profilgeometrie beim Verdrehen nicht eingeschränkt, und eine Realisierung ist in diesem Fall ohne großen Aufwand möglich.

4.2.1 Modellierung

Das Verfahren Verdrehen von Profilen wurde mit dem FEM-Programm Superform 2005 von MSC numerisch untersucht. Das FEM-Modell sieht auf beiden Enden des Profils zwei Einspannwerkzeuge vor (in Form einer Mantelfläche mit einem Spiel von ca. 2 mm), wobei nur eins dieser Werkzeuge verdreht wird. Des Weiteren wurde an dem Profilende, wo sich das Einspannwerkzeug nicht verdreht, eine Randbedingung an einem Knoten in Profilmitte festgelegt, die kein axiales Verschieben des Knotens in der axialen Ebene erlaubt. Als Werkstückwerkstoff wurde Aluminium EN AW-6060 gewählt (Fließkurve im Anhang **Bild A-2**), was auch später zur Halbzeugherstellung beim Strangpressen eingesetzt wird. Die Gesamtverdrehlänge beträgt 300 mm. Für die

Auswertung der geometrischen Bauteileigenschaften wird jedoch nur der mittlere Bereich mit einer Länge von 100 mm herangezogen, da sich das Profil im Randbereich aufgrund der Einspannung stärker verformt. Aus diesem Bereich werden anschließend drei Konturen im Abstand von 50 mm ausgelesen und mit der Sollkontur verglichen (**Bild 4-10**).

a) Simulation des Verdrehprozesses b) Auswertung der Konturabweichung

Bild 4-10: Aufbau des numerischen Modells für das Verdrehen von Schraubenrotoren

Bei den untersuchten Rotorpaaren ist der Konturverlauf bei konstant bleibendem Fuß- und Kopfkreisdurchmesser variiert worden, um den Einfluss der Querschnittsgeometrie auf die geometrische Bauteilqualität analysieren zu können. Weiterhin wurden im Rahmen dieser Analyse die drei Steigungswinkel 90°, 120° sowie 150° auf einer Länge von 100 mm ausgewertet. Aufgrund der Mechanik des Tordierens wird erwartet, dass je flacher die Kontur ist bzw. je mehr die Geometrie kreisförmig wird, desto geringer sollten die Deformation und somit die Konturabweichung nach dem Verdrehen sein.

4.2.2 Ergebnisse der numerischen Untersuchungen

Bei der Auswertung des Steigungswinkelverlaufes wird zunächst das Referenzprofil P1 betrachtet. Die Ergebnisse zu den anderen Profilgeometrien sind in **Tabelle 4-2** zusammengefasst. Bei der Auswertung der Abweichungen wurden jeweils die Konturen und Winkel unter Last betrachtet und nicht nach der Entlastung, da die zu untersuchenden Winkel nach der Entlastung aufgrund der Rückfederung und der langen Zeitschritten bei der Simulation nicht genau eingestellt werden können. Für den Steigungswinkel über die Bauteillänge wurde die geringste Abweichung von 1,4° bei dem Sollwinkel 120°/100 mm, beim Hauptrotor und von 1,1° bei dem Sollwinkel 72°/100 mm beim Nebenrotor festgestellt (**Tabelle 4-2**). Die Summe der einzelnen Abweichungen der Querschnittsgeometrie beträgt hierbei 0,67 mm (0,5 mm beim Hauptrotor und 0,17 mm beim Nebenrotor). Die geringste Abweichung wurde bei einem Profil P4 bei einem Steigungswinkel von 90°/100 mm ermittelt und beträgt 0,25 mm. Allerdings ist der Steigungswinkelfehler beim Profil P4 mit lokal bis zu 6°/100 mm sehr hoch. Beim Vergleichsprofil P2 wurde der geringste Steigungsfehler gemessen, allerdings ist die Konturabweichung relativ hoch.

Tabelle 4-2: Simulationsergebnisse des konventionellen Tordierens für ausgewählte Rotorpaare

Profil	Sollwinkel in Grad/ 100 mm		Abweichung des Querschnittes in mm		Steigungsfehler °/ 100 mm	
Rotortyp	Hauptrotor	Nebenrotor	Hauptrotor	Nebenrotor	Hauptrotor	Nebenrotor
Referenzprofil P1	90	54	0,32	0,10	3,7	0,3
	120	72	0,5	0,17	**1,4**	**1,1**
	150	90	0,9	0,24	3,0	1,4
Profil P2	90	54	0,281	0,11	2,5	0,6
	120	72	0,46	0,18	0,8	0,8
	150	90	0,63	0,27	3,9	1,7
Profil P3	90	54	0,28	0,12	3,2	0,9
	120	72	0,42	0,19	1,0	0,6
	150	90	0,57	0,28	3,9	1,7
Profil P4	90	54	**0,25**	0,15	1,2	2,3
	120	72	0,37	0,23	2,0	0,4
	150	90	0,51	0,31	**6,0**	1,4

Des Weiteren hängt der Steigungswinkelverlauf über die Bauteillänge stark vom erzielten Steigungswinkel ab (**Bild 4-11**). Die Verläufe bei einem Sollwinkel von 90°/100 mm im Hauptrotor und 54°/100 mm im Nebenrotor weisen eine deutliche Abweichung des Steigungswinkels über die Bauteillänge auf. Genauso ist es beim Hauptrotor mit der Steigung 150°/100 mm und Nebenrotor mit der Steigung 90°/100 mm (**Bild 4-11**, und **Bild 4-12**). Die Steigungswinkelverläufe des Hauptrotors mit dem Steigungswinkel 120°/100 mm und des Nebenrotors mit dem Steigungswinkel 72°/100 mm sind dagegen nahezu linear, was auf eine geringe Abweichung des Steigungsfehlers schließen lässt. Bezüglich der Abweichung der Profilgeometrie hat sich die Annahme bestätigt, dass bei flacherem Konturverlauf im Fußkreisbereich eine geringere Abweichung der Querschnittsgeometrie auftritt und dass die Abweichung bei größer werdendem Steigungswinkel zunimmt.

Um die Ergebnisse der numerischen Untersuchungen zu verifizieren, soll eine Verdrehvorrichtung entwickelt werden und eine Beispielgeometrie des Schraubenrotors (sowohl Haupt- als auch Nebenrotor) untersucht werden.

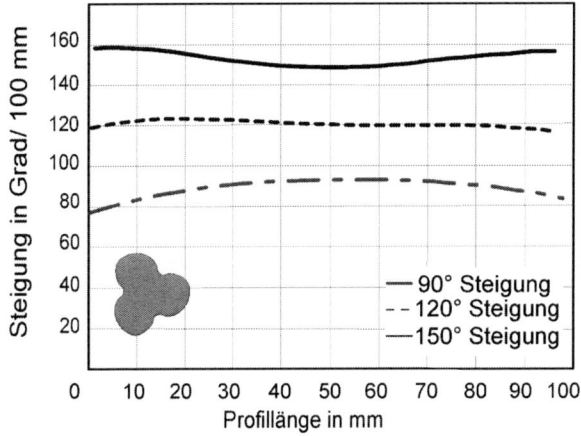

Bild 4-11: Steigungswinkelverlauf über die Bauteillänge beim Hauptrotor des Referenzprofils P1

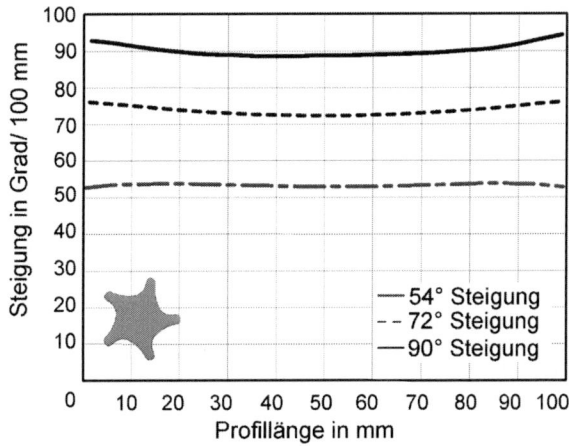

Bild 4-12: Steigungswinkelverlauf über die Bauteillänge beim Nebenrotor des Referenzprofils P1

4.2.3 Experimentelle Verifikation

Zur Verifikation der Simulationsergebnisse wurden experimentelle Untersuchungen durchgeführt. Hierzu wurde im Rahmen dieser Arbeit eine PC-gesteuerte

Verdrehvorrichtung entwickelt und gefertigt. Mit dieser Vorrichtung ist es möglich, Profile mit einer Länge von bis zu 550 mm zu verdrehen. Das maximale Drehmoment beträgt hierbei ca. 3000 Nm (**Bild 4-13**). Die Verdrehung des Profils wird durch einen Servomotor realisiert, in dem ein absoluter Winkelgeber zur genauen Steuerung des Verdrehwinkels integriert ist. Das Drehmoment wird mithilfe eines Zahnriemens an die Verdreheinheit übertragen. Des Weiteren wird das zu verdrehende Profil an eine Platte eingespannt, die axial frei beweglich ist. Dadurch wird gewährleistet, dass sich das Profil beim Verdrehen frei verkürzen kann, ohne eine Einschnürung zu erzwingen. Mit dieser Vorrichtung können unterschiedliche Profilgeometrien verdreht werden. Die Drehgeschwindigkeit ist ebenfalls frei wählbar.

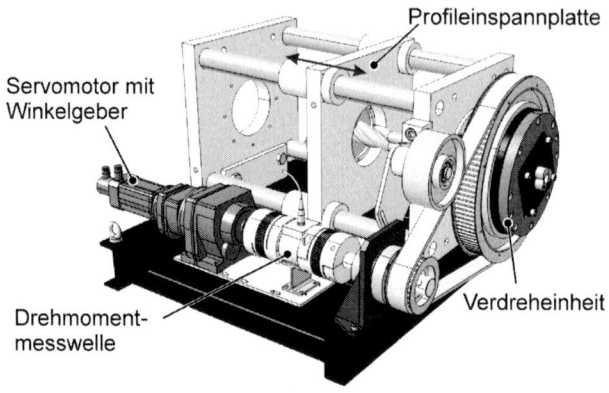

Bild 4-13: Entwickelte Vorrichtung zum Verdrehen von Schraubenrotoren

Für die experimentelle Verifikation wurden die Hauptrotor- sowie Nebenrotorgeometrie des Referenzprofils P1 untersucht. Dazu sind zunächst zwei Strangpresswerkzeuge gefertigt worden und anschließend wurden gerade Halbzeuge für die Verdrehversuche stranggepresst. Als Werkstoff wurde die Aluminiumlegierung EN AW-6060 gewählt. Die durchgeführten Versuche zeigen die Entstehung einer rauen Oberfläche bei den Bauteilen (Orangenhautbildung), insbesondere beim Hauptrotor (**Bild 4-14b**). Ein solches Werkstoffverhalten ist typisch für Aluminiumlegierungen und kann auf die Grobkornbildung zurückgeführt werden.

Da bei den Simulationen der Steigungswinkel von 120°/100 mm für den Hauptrotor und 72°/100 mm für den Nebenrotor die geringste Abweichung des Steigungswinkelverlaufs über die Profillänge sowie die Abweichung der Querschnittskontur aufwiesen, werden diese Steigungswinkel bei der Auswertung der experimentellen Untersuchungen herangezogen. Anzumerken ist hierbei, dass diese Winkel experimentell nicht genau erzielt werden konnten, da das Profil nach der Entlastung zurückfedert. Beim

Alternative Fertigungsverfahren 49

Hauptrotor konnte ein durchschnittlicher Steigungswinkel von 116,5°/100 mm erzielt werden, während der Steigungswinkel beim Nebenrotor 71,8°/100 mm betrug. Bei diesen Profilen wurde eine maximale Abweichung der Querschnittsgeometrie von 1,44 mm am Nebenrotor sowie 1,33 mm am Hauptrotor gemessen (**Bild 4-15**). Diese Werte liegen etwas höher als die numerisch ermittelten Abweichungen. Bei der Simulation fließt der Werkstoff innerhalb der Einspannplatte aufgrund des vorgesehenen Spiels und der Annahme, dass die Reibung zwischen Einspannplatte und Werkstück sehr gering ist, somit konnte sich die Länge des Profils beim Verdrehen ändern. Beim Experiment dagegen ist keine relative Bewegung zwischen dem Werkstück und der Einspannplatte möglich, dagegen kann sich eine Einspannplatte in der Vorrichtung frei bewegen, um sich an die Profillänge anzupassen. Während des Versuchs konnte festgestellt werden, dass sich die Einspannplatte nicht kontinuierlich bewegt hat sondern nach dem Stick-Slip-Effekt aufgrund des Eigengewichts der Einspannplatte. Dies hat zu einer unerwünschten Erhöhung der Abweichung am Werkstück geführt.

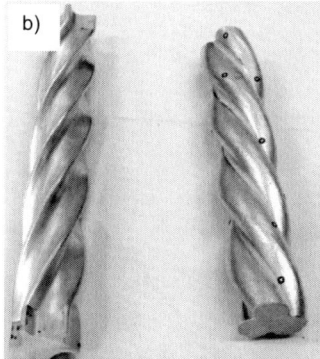

Bild 4-14: a) Versuchsaufbau, b) hergestellte Rotoren

Der Steigungswinkel hingegen variiert im Verlauf zwischen 115,33 und 117,42°/100mm beim Hauptrotor und zwischen 71,31 und 72,4°/100 mm beim Nebenrotor. Das macht eine absolute Abweichung von ca. 2,1°/100 mm beim Hauptrotor und 1,1°/100 mm beim Nebenrotor, was mit der Simulation übereinstimmt. Somit konnten die numerischen Ergebnisse experimentell validiert werden.

Als Fazit zum Verfahren Verdrehen liegen die erzielten Genauigkeiten zwar weit über dem an Schraubenrotoren gestellten Anforderungen an die Toleranz von ca. 0,08 mm, jedoch sind sie zum Teil vergleichbar mit den Toleranzen beim Gießen. Deshalb kann das Verdrehen von geraden Profilen mit dem Gießprozess in Bezug auf die Geometrie konkurrieren. Es müsste jedoch bei einer Wirtschaftlichkeitsanalyse bedacht werden, dass vor dem Verdrehen die Profile zunächst hergestellt werden müssen, sei es durch Strangpressen oder durch andere Verfahren, wie das Profilwalzen. Nichtsdestotrotz kann das Verdrehen als wirtschaftliches Verfahren betrachtet werden, weil der Aufwand der Nachbearbeitung durch Zerspanprozesse deutlich reduziert werden kann.

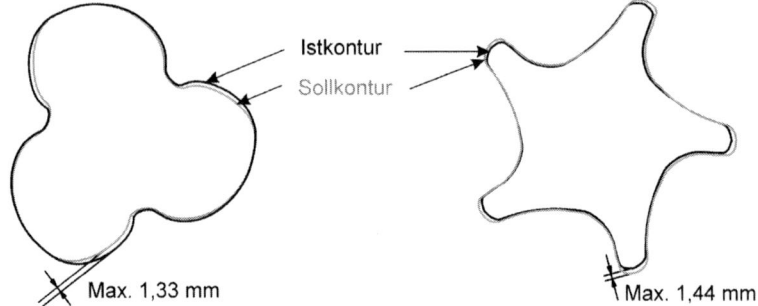

Bild 4-15: Gemessene Abweichung der Querschnittsgeometrie am Haupt- und Nebenrotor

4.3 Bewertung der Verfahren und Zusammenfassung

Die Analyse des Stands der Technik in Bezug auf das Fließpressen und Strangpressen sowie die grundlegende Machbarkeitsanalyse der Verfahren Innenhochdruckumformung und des Verdrehens führen zu folgenden Schlussfolgerungen:

1. Das Innenhochdruckumformen ist für die Umformung komplexer Profile mit einer schraubenförmigen Kontur nur bedingt geeignet. Aufgrund des gehinderten Nachfließens des Werkstoffs sind nur geringe Umfangsgrößen und somit geringe Umformgrade herstellbar. Trotz der Auswahl eines Werkstoffes mit hoher Dehngrenze und einer relativ großen Wandstärke in der FEM sowie verschiedener Prozessführungsstrategien konnte die gewünschte Geometrie nicht mal annähernd erreicht werden. Zusätzlich ist der erforderliche Pressdruck von über 1.500 bar in einem kleinen Werkzeug technisch schwer realisierbar. Aufgrund dieser Erkenntnisse wird das Verfahren Innenhochdruckumformung in den weiteren Untersuchungen nicht mehr berücksichtigt.

2. Das Verdrehen ist eine sehr einfache und flexible Variante zur Herstellung von schraubenförmigen Profilen. Allerdings ist die Genauigkeit bei diesem Verfahren nicht ausreichend für eine spätere Anwendung und sowohl die Querschnittsgeometrie als auch der Steigungsverlauf reagieren empfindlich gegenüber dem Sollsteigungswinkel. Des Weiteren verschlechtert sich die Oberflächenbeschaffenheit mit zunehmendem Steigungswinkel. Trotz der Nachteile stellt das Verfahren eine annehmbare Alternative zum Gießen dar, wodurch der Aufwand der spanenden Nachbearbeitung im Vergleich zu der spanenden Herstellung aus Vollmaterial deutlich reduziert werden kann.

3. Das Strangpressen stellt eine vielversprechende Fertigungsroute dar, um komplexe Profile herzustellen. Die Beeinflussung des Werkstoffflusses beim Strangpressen durch den Einsatz von Führungswerkzeugen stellt eine aussichtsreiche Alternative dar, um endlose schraubenförmige Profile wirtschaftlich herzustellen. Der Nachweis über die grundsätzliche Machbarkeit wurde im Bereich des Rundens beim Strangpressen erbracht, bei dem der bereits plastifizierte Werkstoff so beeinflusst wird, dass direkt gekrümmte Profile durch sehr niedrige Biegekräfte erzeugt werden konnten. Durch die Entwicklung einer geeigneten Verfahrenstechnik mit einer speziellen Strangpressmatrize, analog zum Fließpressen, wird erwartet, dass eine direkte Herstellung schraubenförmiger Profile vielversprechend ist. Die Verfahrenscharakteristika des Fließpressens können allerdings nicht direkt auf das Aluminiumstrangpressen übertragen werden, da insbesondere der Werkstofffluss und die Tribologie, die auch von der Prozesstemperatur abhängig ist, bei beiden Prozessen verschieden ist. Die Einflussfaktoren und somit die Prozessfenster beider Strangpressvarianten hinsichtlich der Herstellung schraubenförmiger Profile sollen im Rahmen dieser Arbeit ermittelt und grundlegend analysiert werden. Darüber wird in den nachfolgenden Kapiteln ausführlich berichtet.

5 Externes Tordieren beim Strangpressen

Ein neues Strangpressverfahren zur direkten Herstellung von schraubenförmigen Profilen stellt das externe Tordieren beim Strangpressen dar. Ähnlich wie beim Runden beim Strangpressen (Arendes 1999) soll bei dieser neuartigen Variante eine externe Führungsvorrichtung vorgesehen werden, die das aus der Strangpresse austretende Profil durch die Verdrehung eines Führungswerkzeug auf die Art umlenkt, dass das Profil schraubenförmig austritt (**Bild 5-1**). Die Prozessfolge sieht zunächst eine schrittweise Verdrehung des Führungswerkzeugs während des Pressbeginns vor, bis der gewünschte Steigungswinkel am Profil erreicht ist. Der Steigungswinkel ist dabei das Verhältnis zwischen dem Zustellwinkel am Führungswerkzeug und der Verdrehlänge, die den Abstand zwischen der Strangpressmatrize und dem Führungswerkzeug darstellt. Während des Prozesses kann die Strangpressmatrize, die sich dabei nicht dreht, als Festlager betrachtet werden. Ist der notwendige Zustellwinkel am Führungswerkzeug und somit der gewünschte Steigungswinkel am Profil erreicht, wird das Führungswerkzeug im Prozess nicht weiter verdreht, um somit Profile mit einem konstanten Steigungswinkel zu erzeugen. Diese Verfahrenserweiterung erfordert keine aufwendige Erweiterung der konventionellen Strangpresse oder die Verwendung von speziellen Matrizen.

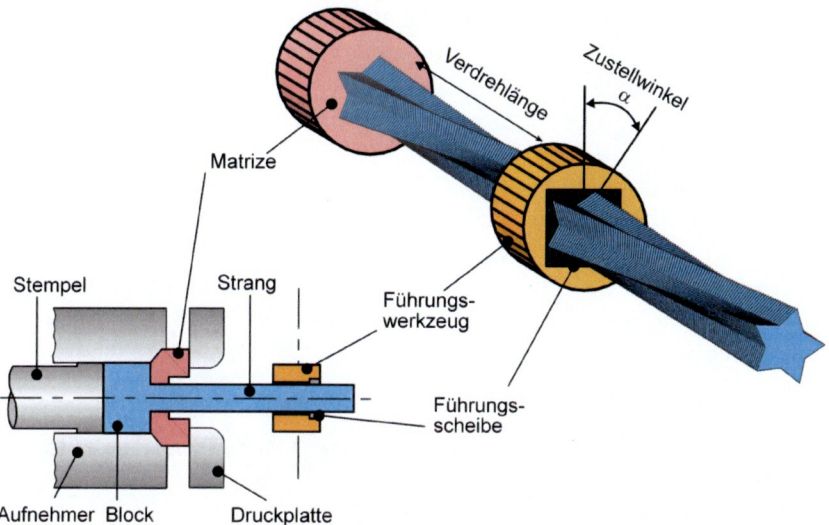

Bild 5-1: Verfahrensprinzip externes Tordieren beim Strangpressen

In diesem Verfahren wird ein großes technisches Potenzial gesehen, Profile mit konstanter oder über die Bauteillänge variierender Steigung mit geringeren Konturabweichungen herzustellen. Aufgrund des ähnlichen Aufbaus wie bei dem Runden (Arendes

1999, Becker 2009) wird beim Tordieren beim Strangpressen auch erwartet, dass das Drehmoment am Führungswerkzeug zur Umlenkung des Werkstoffflusses aufgrund der Überlagerung mit dem Strangpressen geringer ist als beim konventionellen Verdrehen. Das würde zugrunde legen, dass das Führungswerkzeug den bereits im Strangpressprozess plastifizierten Werkstoff in der Matrize umlenkt und nicht zusätzlich außerhalb warm tordiert. Wenn diese Erwartung zutrifft, sollten die Abweichungen der Profilquerschnitte geringer ausfallen als beim Verdrehen. Zur Klärung der Zusammenhänge stellt die Untersuchung des herrschenden Spannungszustandes einen Schwerpunkt dar.

Zur grundlegenden Untersuchung des externen Tordierens beim Strangpressen, insbesondere zur Beantwortung der Fragen nach dem sich einstellenden Spannungszustand sowie der Eignung des Prozesses zur Herstellung von schraubenförmigen Profilen, sollen folgende Teilziele realisiert werden:

1. Entwicklung und Realisierung eines Versuchsstandes zum externen Tordieren beim Strangpressen
2. Analyse der Prozessmechanik; es soll die Frage beantwortet werden, ob es sich hierbei um eine Beeinflussung des Werkstoffflusses oder um ein dem Strangpressen nachgeschaltetes Warmverdrehen handelt
3. Fertigung von schraubenförmigen Profilen am Beispiel von Schraubenrotoren

5.1 Entwicklung eines Versuchsstandes

5.1.1 Strangpressen

Für die experimentellen Untersuchungen zum externen Tordieren beim Strangpressen wurden zwei am Institut für Umformtechnik und Leichtbau vorhandene direkte Strangpressen eingesetzt, eine Presse mit einer Presskraft von 10 MN überwiegend für die Fertigung des Demonstrators des Schraubenrotors und eine 2,5-MN-Presse für Grundlagenuntersuchungen. Die technischen Daten beider Strangpressen sind in **Tabelle 5-1** dargestellt.

Tabelle 5-1: Technische Daten der Versuchsstrangpressen

	2,5-MN-Strangpresse, Fa. Collin	10-MN-Strangpresse, Fa. SMS
Betriebsart	Direkt	Direkt
Rezipientendurchmesser	Ø 66 mm	Ø 146 und Ø105 mm
Max. Profilkreisdurchmesser	Ø 40 mm	Ø 130 mm
Temperaturbereich im Rezipienten	Bis 450 °C	Bis 450 °C
Stempelgeschwindigkeit	Bis 7 mm/s	Bis 10 mm/s

5.1.2 Entwicklung und Realisierung von Führungswerkzeugen

Im Rahmen dieser Arbeit wurden zwei Konzepte für das Führungswerkzeug entwickelt. Ein einfaches Führungswerkzeug mit manuellem Antrieb dient zur Machbarkeitsanalyse sowie ein automatisiertes und mit Messtechnik ausgestattetes Führungswerkzeug zur gezielten Prozesssteuerung. Beide Konzepte werden nachfolgend vorgestellt.

5.1.2.1 Manuelles Führungswerkzeug

Bei der manuellen Variante des Führungswerkzeugs wurde für die Verdrehung der Profile eine Hohlwelle vorgesehen, die in einem Gehäuse montiert ist. Die Rotation der Drehwelle, an der die Führungsscheibe angebracht ist, erfolgt mittels Drehhebel, die manuell betätigt werden kann. Wenn der gewünschte Zustellwinkel erreicht ist, wird die Drehwelle durch festes Anspannen der beiden Gehäusehälften mittels Verschraubungen gegen ungewollte Verdrehung gesichert (**Bild 5-2**).

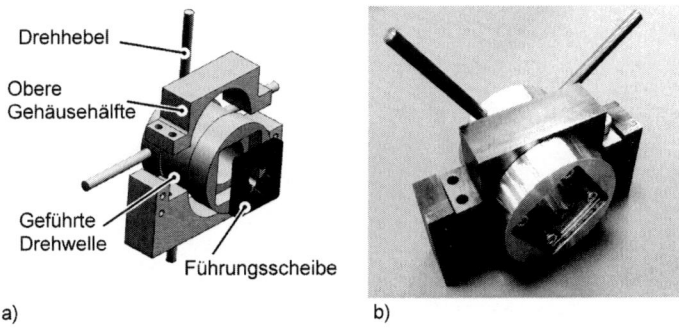

Bild 5-2: Konstruktion und Realisierung eines Führungswerkzeuges a) Konstruktion, b) Realisierung

Die unmittelbare Torsion des austretenden Stranges erfolgt durch eine austauschbare Führungsscheibe, die die Geometrie des umzuformenden Profils aufweist (**Bild 5-2a**). Im Rahmen dieser Arbeit wurden vorwiegend Führungsscheiben aus Grafit und Bornitrid eingesetzt, da sich diese bereits beim Runden beim Strangpressen für die Führung und Umlenkung des Strangpressprofils bewährt haben (Becker 2009). Die Führung erfolgt hierbei nach dem Gleitprinzip. Dabei können der Werkstoff sowie die Dicke der eingesetzten Führungsscheiben variiert werden. Rollen zur Profilführung sind bei dieser Vorrichtung nicht vorgesehen. Das gesamte Führungswerkzeug wird am Gegenholm der Strangpresse verschraubt. Durch diesen Aufbau wird die Verdrehlänge, also der Abstand zwischen der Führungsscheibe und der Matrize, im Prozess konstant gehalten.

5.1.2.2 Automatisiertes Führungswerkzeug

Die manuelle Vorrichtung verfügt nicht über die entsprechende Mess- und Antriebstechnik, die es erlaubt, den Prozess gezielt zu steuern. Um die relevanten Prozessgrößen, wie Drehgeschwindigkeit und Drehmoment, messen und steuern zu können, ist ein zweites elektrisch angetriebenes und über eine SPS steuerbares Führungswerkzeug entwickelt worden. Es besteht aus drei größeren Bauteilgruppen, die im Bereich der Antriebswelle miteinander verschraubt werden; der Antriebseinheit, der Verdreheinheit und der Führungseinheit (Spinczyk 2008).

Antriebseinheit

Die erste Bauteilgruppe ist für den Antrieb des Führungswerkzeuges verantwortlich und enthält außerdem die Messeinrichtung, die für die Zustellwinkel- und Drehmomentmessung erforderlich ist. Der Antriebsmotor und die Messinstrumente sind in einer Achse auf einem Motorgestell angebracht. Dieses wird wiederum an eine Stahlplatte angeschraubt, welche fest mit dem Fundament der Strangpresse verbunden ist (**Bild 5-3**). Der eingesetzte Servogetriebemotor ist mit einem Absolutwert-Winkelgeber zur Steuerung des Zustellwinkels ausgestattet.

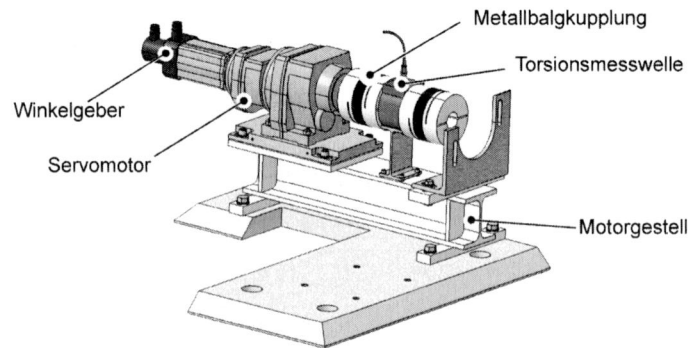

Bild 5-3: Aufbau der Antriebseinheit

Zwischen der Abtriebswelle des Getriebes und der Antriebswelle der Verdrehvorrichtung ist die Torsionsmesswelle (T22/500Nm) von der Firma HBM, die ein Torsionsmoment von max. 500 Nm übertragen kann, in zwei Metallbalgkupplungen eingespannt. Diese Metallbalgkupplungen (Typ KB4/500-112, Firma KBK Antriebstechnik) können eventuell auftretende Fluchtungsfehler der zu verbindenden Wellen ausgleichen.

Verdreheinheit

Die Verdreheinheit wird am Gegenholm der Strangpresse angebracht. Die Verbindung der Verdrehvorrichtung mit der Antriebseinheit erfolgt mithilfe eines Zahnriemens, der

Externes Tordieren beim Strangpressen

zwischen zwei Riemenrädern mit einer Übersetzung $i = 4$ montiert wird. Die technischen Merkmale des gesamten Zahnriementriebs werden in **Tabelle 5-2** zusammengefasst.

Tabelle 5-2: Technische Merkmale des Zahnriementriebs

Riementyp	PowerGrip GT3-14M
Zahnriementeilung	14M
Riemenlänge	3150 mm
Riemenbreite	55 mm
Übersetzungsverhältnis i	4
Zulässige Leistung	0,68 kW
Riemenspannung	8643 N
Montagebereich für den Achsabstand	1033 mm bis 1070 mm
Zähnezahl am Antriebsrad	28
Antriebsraddurchmesser	125 mm
Zähnezahl am Abtriebsrad	112
Abtriebsraddurchmesser	499 mm

Das Grundgerüst, an dem der Zahnriementrieb montiert wird, besteht im Wesentlichen aus einer Grundplatte mit einem Zentrierring und einem Querbalken. Mithilfe des an der Grundplatte angebrachten Zentrierrings soll die gesamte Verdreheinheit zentrisch am Gegenholm der Strangpresse angebracht werden können.

Die beiden hier vorgestellten Bauteilgruppen, die Antriebs- sowie die Verdreheinheit, werden miteinander verschraubt. Der Zahnriementrieb und die Antriebseinheit im zusammengebauten Zustand an der Strangpresse werden in **Bild 5-4** dargestellt.

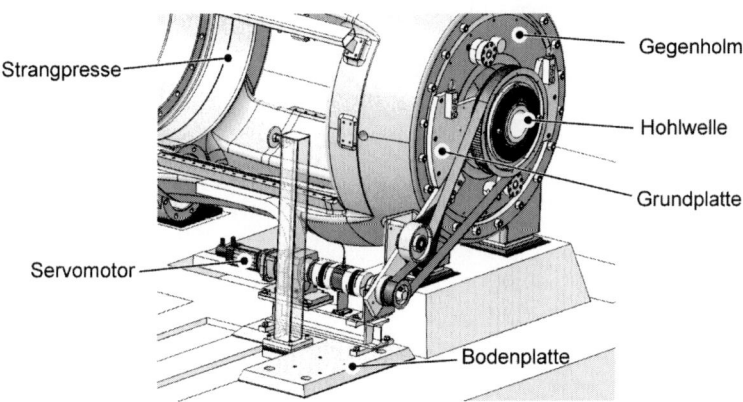

Bild 5-4: Aufbau der automatisierten Verdrehvorrichtung (Spinczyk 2008)

Führungseinheit zum Umlenken des austretenden Profils

Die Führungseinheit ist die Schnittstelle zwischen der Verdreheinheit und dem aus der Presse austretenden Strangpressprofil und befindet sich dadurch im ständigen Kontakt mit dem heißen Profil. Bei der entwickelten Verdreheinheit kann die Führung des Strangpressprofils sowohl nach dem Prinzip der Gleitreibung als auch der Wälzreibung realisiert werden.

Eine Gleitführung des Profils erfolgt durch den Einsatz von Führungsscheiben, wobei neben der Geometrie vor allem der Werkstoff eine sehr wichtige Rolle spielt. Bei den von Becker (2009) durchgeführten Untersuchungen zum Runden bei Strangpressen sind hauptsächlich Führungsscheiben nach dem Prinzip der Gleitreibung eingesetzt worden. Die Wandstärke der Führungsscheiben stellt einen wesentlichen Faktor bei der Verdrehung von Profilen dar. Je größer der Verdrehwinkel ist, desto größer ist die Wahrscheinlichkeit einer Verkantung des Profils an der Führungsscheibe. Diese Prozessstörung steigt bei zunehmender Wandstärke der Führungsscheibe. Daher ist es anzustreben, die Wandstärke der Führungsscheibe möglichst gering zu halten. Jedoch hängt dies stark von dem eingesetzten Werkstoff ab. Grafit oder Bornitrid weisen zwar sehr gute Reibeigenschaften auf, sind gleichzeitig aber sehr spröde. Somit ist eine Mindestwandstärke hier erforderlich. Wenn die Wandstärke nicht reduziert werden kann, kann das Spiel zwischen der Führungsscheibe und dem Profil erhöht werden, um die Verkantungsgefahr zu verringern. Dies führt aber zwangsläufig zu einer höheren Abweichung von der Sollquerschnittsgeometrie und dem Steigungswinkelverlauf. Alternativ können dünnwandige Führungsscheiben aus festen Werkstoffen wie Stahl eingesetzt werden, die aber aufgrund der Haftneigung von heißem Aluminium mit einer Beschichtung versehen werden müssen. Bislang konnten sich in diesem Zusammenhang keine der konventionellen Beschichtungen zur Reibungsreduktion zwischen den Führungswerkzeugen und den heißen Aluminiumprofilen bewähren. Im Rahmen dieser Arbeit wurden Untersuchungen von ausgewählten Beschichtungen durchgeführt, die in den folgenden Kapiteln vorgestellt werden.

Für eine Profilführung nach dem Prinzip der Wälzreibung sind Rollen zu verwenden, die drehbar gelagert sind. Je nach Geometrie des zu führenden Profils können Flachrollen oder Eckrollen verwendet werden. Zur einfachen Realisierung werden im Folgenden verschiedene Konzepte zur Führung eines Rechteckprofils vorgestellt, wobei die Übertragung auf andere Querschnitte möglich ist.

Bei der Profilführung mittels Eckrollen werden für das Rechteckprofil 4 Eckrollen verwendet (**Bild 5-5**). Es besteht zwischen der Eckrolle und dem Profil jeweils ein Kontakt entlang einer Kurve. Im Laufe der Verdrehung des Führungswerkzeugs ist die gleichzeitige Rotation der Rollen erforderlich, damit es zu keiner Kollision bzw. Überschneidung zwischen Rollen und Profil kommt. Mithilfe eines entwickelten

Mitnehmerrades kann eine synchrone Verdrehung der Rollengabeln gewährleistet werden. Das **Bild 5-5** zeigt die mögliche Ausrichtung der Rollen bei einem Steigungswinkel des Schraubenprofils von 150°/100 mm. Allerdings ändert sich durch die Verdrehung des Profils und der daraus resultierenden Rollenstellung auch die Kontaktgeometrie. Aus einem Linienkontakt entlang der Profilkante ergeben sich im Laufe der Verdrehung drei Kontaktpunkte (**Bild 5-5** rechts).

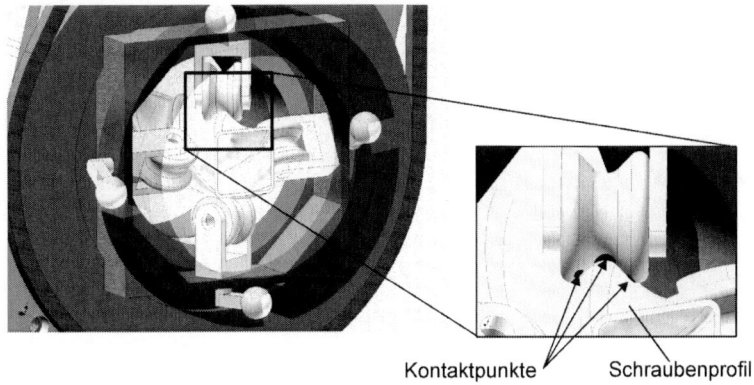

Bild 5-5: Lösungsvariante mit Eckrollen

Alternativ zu den Eckrollen können auch Rollen an den Seitenflächen des Profils vorgesehen werden. Allerdings sind zylindrische Rollen, die zu Beginn des Prozesses einen Linienkontakt zum Rechteckprofil besitzen, für eine Verdrehung ungeeignet. Wie in **Bild 5-6** zu erkennen ist, gibt es bei dieser Art von Rollen in jedem Fall eine Überschneidung zwischen den Rollen und dem verdrehten Profil.

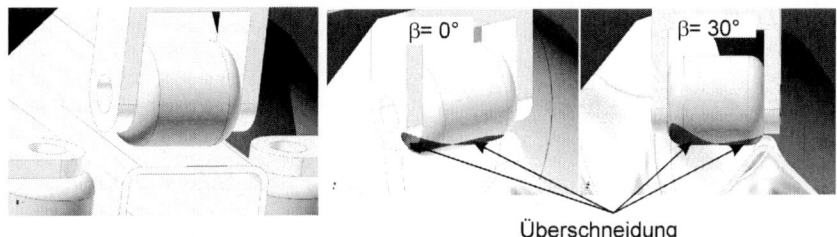

Bild 5-6: Flächenrollen bei der Torsion von Rechteckprofilen

Wie in **Bild 5-6** (rechts) zu erkennen sind, sind in der Mitte der Rolle keine Überschneidungen vorhanden, während in der Nähe der Stirnflächen der Rollen die größten Überschneidungen auftreten. Daher ist es sinnvoll, den Durchmesser ausgehend von der Mitte der Rolle in Richtung der Stirnflächen zu verkleinern, sodass sich eine ballige Rolle ergibt (**Bild 5-7**).

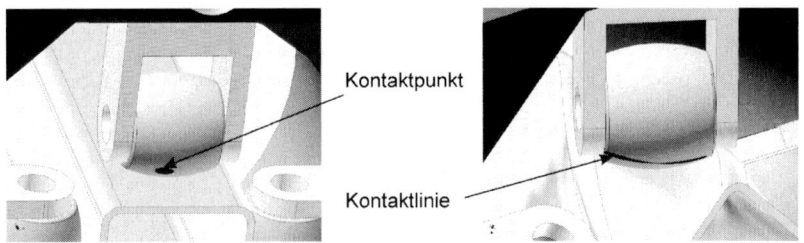

Bild 5-7: Modifizierte Flächenrollen bei der Torsion von Rechteckprofilen

Durch die Modifizierung der Rollengeometrie konnte der Linienkontakt zwar wiederhergestellt werden, allerdings ist dies nur für einen bestimmten Steigungswinkel gültig. Im dargestellten Fall ist von einem Steigungswinkel von 150°/100 mm ausgegangen worden. Zu Beginn der Torsion besteht zwischen der balligen Rolle und dem Rechteckprofil nur ein Punktkontakt in der Rollenmitte. Bei Erreichen des für die Rollengeometrie ausgelegten Steigungswinkels entsteht ein Linienkontakt zwischen den Rollen und dem Profil. Eine weitere Vergrößerung des Steigungswinkels des Profils bei einer Torsion unter Verwendung dieser Rollen würde dagegen erneut zur Überschneidung zwischen Rolle und Schraubenprofil führen und die Prozessstabilität beeinträchtigen.

Das Prinzip der Rollenführung erfordert eine Rotation der Rollen sowohl um die eigene Achse als auch senkrecht zur Pressrichtung, damit sie sich an den Verdrehwinkel anpassen. Aus dieser Anforderung ist eine entsprechende Führungseinheit entwickelt worden, die beide Freiheitsgrade der Rollen gewährleisten (**Bild 5-8**). Die entwickelte Führungseinheit besteht aus einer Rollenaufnahme, an der alle anderen Elemente des Führungswerkzeugs befestigt werden. Dabei kann die Einheit in zwei Baugruppen unterteilt werden. Die erste Baugruppe dient zur Befestigung und Verdrehung der Rollen und besteht aus den Rollengabeln und den Rollen. Diese Baugruppe ist modular aufgebaut, sodass die Führungselemente ausgetauscht werden, um andere Profilquerschnitte zu verdrehen.

Die andere Bauteilgruppe setzt sich aus der Mitnehmer-Aufnahme, dem Mitnehmerrad, den Fixierblöcken, den Federn, der Stellschraube, den Drehköpfen und den Hebeln mit Kugelköpfen zusammen. Die Funktion dieser Elemente liegt darin, dass sich alle Führungselemente synchron verdrehen können. Mithilfe von Federn und einer Stellschraube wird eine geringe Gegenkraft gegen die Rollenverdrehung erzeugt, damit die Rollen nach der Torsion wieder in ihre Ausgangslage zurückdrehen. Für den Fall, dass die Torsion des Profils in die andere Drehrichtung erfolgen sollte, können die Stellschrauben und die Federn an der anderen Seite angebracht werden. Weiterhin lassen sich verschiedene Zugfedern einsetzen, um somit die Gegenkraft einstellen zu können (**Bild 5-8**).

Externes Tordieren beim Strangpressen 61

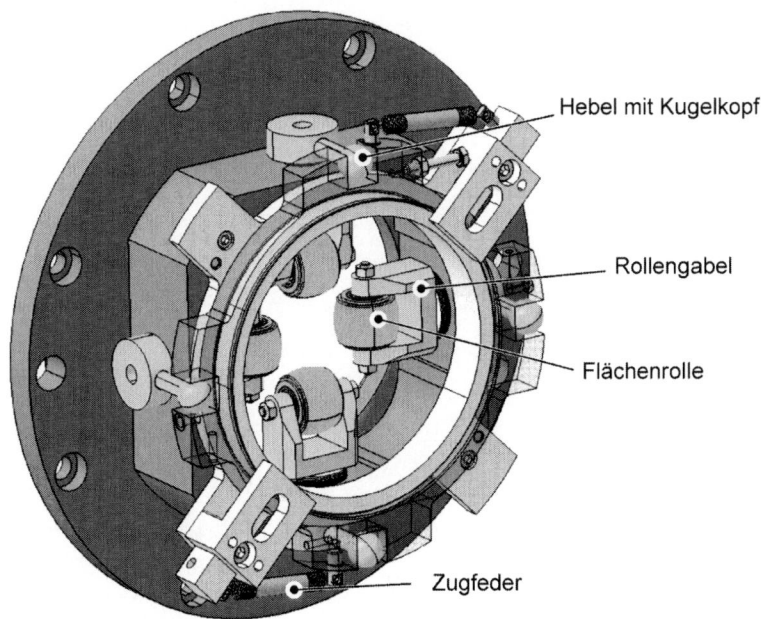

Bild 5-8: Gesamtaufbau der Führungseinheit mit Rollen (Spinczyk 2008)

Zwischenfazit

Es wurden zwei Führungswerkzeuge zum externen Tordieren beim Strangpressen entwickelt. Der Aufbau eines Führungswerkzeugs, basierend auf der Gleitreibung, ist einfach zu realisieren. Dabei hängt die Kollisionsgefahr zwischen der Führungsscheibe und dem Profil unmittelbar von der Wandstärke der Führungsscheibe sowie vom Spiel zwischen beiden Elementen ab.

Bei der Variante mit den Rollen ist mit einem relativ geringen Verschleiß der Rollen zu rechnen, auf der anderen Seite aber auch mit einer möglichen Anhaftung des Aluminiums auf der Rollenoberfläche. Daher sollte als Rollenwerkstoff ebenfalls Grafit oder Bornitrid eingesetzt werden. Für das Rechteckhohlprofil sind zwei verschiedene Rollenarten präsentiert worden. Je nachdem, ob die Rollen an den Ecken oder an der Oberfläche des Profils angreifen sollen, sind verschiedene Formen für die Rollen erforderlich. Bei der Auslegung der Rollengeometrie ist besonders darauf zu achten, dass die Rollen zu Beginn und am Ende der Verdrehung sich stets in einem Punkt- bzw. Linienkontakt zum Profil befinden, da sonst eine ungewollte Querschnittsdeformation des Profils durch die Rollen hervorgerufen werden kann. Daher ist es erforderlich, dass der gewünschte Steigungswinkel im Profil bei der Auslegung der Rollengeometrie berücksichtigt wird.

5.2 Experimentelle Verfahrensanalyse

5.2.1 Analyse des Spannungszustandes

Eine wesentliche Fragestellung zum externen Tordieren beim Strangpressen stellt die Analyse des Spannungszustandes dar. Dabei soll geklärt werden, ob es sich beim Tordieren beim Strangpressen um eine nachgelagerte Warmtorsion oder vielmehr um die Beeinflussung des Werkstoffflusses handelt. Um diese Frage zu beantworten, sollen experimentelle Untersuchungen zum Tordieren beim Strangpressen sowie zum Warmverdrehen unter vergleichbaren Bedingungen durchgeführt und das Drehmoment bei beiden Verfahren miteinander verglichen werden.

5.2.1.1 Versuchsdurchführung

Zur Analyse des Drehmoments beim Tordieren beim Strangpressen wurde das automatisierte Führungswerkzeug aufgrund der integrierten Messtechnik für die Drehgeschwindigkeit und das Drehmoment eingesetzt (**Bild 5-9**). Die Versuche wurden mit den Aluminiumlegierungen EN AW-6060 sowie EN AW-6082 bei einer Blockeinsatztemperatur von 550°C durchgeführt. Als Querschnittsgeometrie wurde ein Rechteckprofil (42 mm x 42 mm x 2 mm) gepresst. Die Stempelgeschwindigkeit wurde auf $v_0 = 1$ mm/s festgelegt. Der Abstand zwischen Matrize und Führungswerkzeug beträgt 650 mm. Als Führungswerkzeuge wurden sowohl Rollen aus Bornitrid als auch Führungsscheiben aus Grafit, mit einem an dem Profilquerschnitt angepassten Durchbruch eingesetzt.

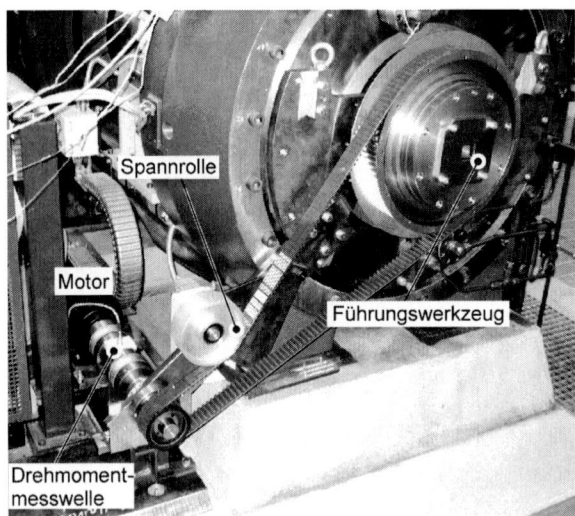

Bild 5-9: Versuchsstand mit dem automatisierten Führungswerkzeug

Zum Vergleich des Drehmoments beim Tordieren beim Strangpressen mit dem beim Verdrehen unter den vergleichbaren Bedingungen wurden an der 10-MN-Strangpresse Versuche für das konventionelle Verdrehen als auch für das externe Tordieren beim Strangpressen durchgeführt. Durch das Anhalten der Strangpresse agiert die Strangpressmatrize wie ein Festlager und das Führungswerkzeug verdreht das heiße Profil. So ist gewährleistet, dass die Temperaturverteilung sowie die Verdrehlänge bei beiden Prozessen nahezu identisch sind und das Drehmoment nicht beeinflussen.

5.2.1.2 Versuchsergebnisse

Ergebnisse zum Warmverdrehen

Beim Warmverdrehen wird das aus der Presse austretende Profil in das Führungswerkzeug eingeführt und so lange gepresst, bis sich eine quasi-stationäre Temperaturverteilung innerhalb der Verdrehlänge eingestellt hat. Anschließend wird die Presse angehalten und das Profil mit einer Verdrehgeschwindigkeit von $n_F = 360°/min$ verdreht (**Bild 5-10**). Das Profil tritt mit einer Temperatur von ca. 480°C aus der Presse aus. In der Zeit zwischen dem Anhalten der Presse und dem Beginn der Verdrehung kühlt sich das Profil außerhalb der Verdrehvorrichtung auf ca. 250°C ab.

Zunächst steigt das Drehmoment sprungartig auf 35 Nm an und fällt dann ab einem Verdrehwinkel $\Phi > 30°$ ab. Bei einem Verdrehwinkel von $\Phi = 90°$ beträgt das Drehmoment nur noch ca. 15 Nm und bleibt dann bis zum Ende des Versuches konstant. Der Abfall des Drehmoments ist hierbei auf ein lokales Einschnüren des Profils unmittelbar hinter der Strangpressmatrize zurückzuführen. Wie auf **Bild 5-11** zu sehen, wurde nach dem Verdrehwinkel von 30° nicht mehr über die gesamte Verdrehlänge, sondern nur partiell in der Nähe der Strangpressmatrize tordiert.

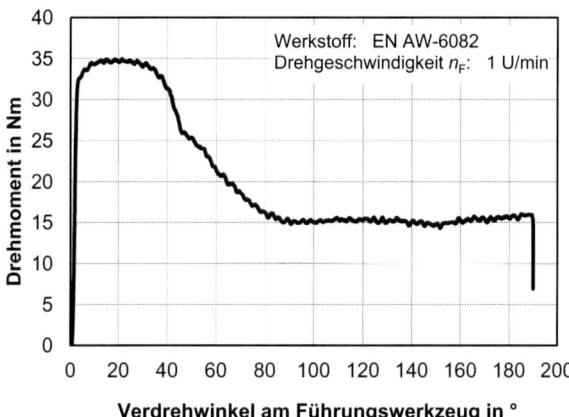

Bild 5-10: Drehmomentverlauf über den Verdrehwinkel beim Warmverdrehen

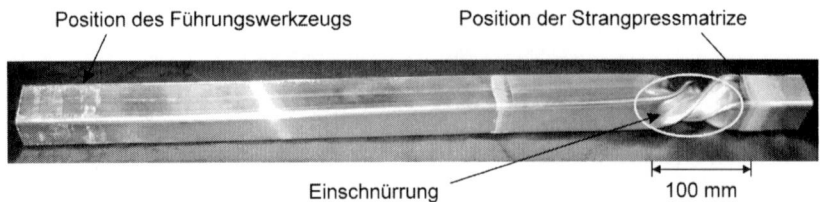

Bild 5-11: Profil nach der konventionellen Verdrehung

Der deutliche Abfall des Drehmomentes ist auf die inhomogene Temperaturverteilung innerhalb der Verdrehlänge zurückzuführen. Die Strangpressmatrize wird geheizt, während der Bereich am Führungswerkzeug nicht erwärmt wird, und somit wird die Wärme im Bereich des Führungswerkzeuges schneller abgeführt, während das Profilende an der Strangpressmatrize weiterhin warm ist. Die Auswertung ist für einen Vergleich mit dem Tordieren beim Strangpressen nur für den Prozessanfang bis zu einem Verdrehwinkel von ca. 35° sinnvoll, da bis zu diesem Zeitpunkt eine homogene Temperaturverteilung gewährleistet ist.

Externes Tordieren beim Strangpressen durch Eckrolleneinsatz
Beim externen Tordieren beim Strangpressen wird während des Pressvorgangs direkt tordiert. Bei dieser Versuchsreihe wurden die Rollen aus dem Werkstoff Bornitrid gefertigt. Dieser Werkstoff zeichnet sich durch eine höhere Festigkeit als Graphit aus, somit wird erwartet, dass die Rollen den Gegenkräften standhalten. Der Versuch wurde mit einer Verdrehgeschwindigkeit von $n_F = 1$ U/min durchgeführt. Bereits zum Beginn der Verdrehung sind mehrere Rollen gebrochen (**Bild 5-12**).

 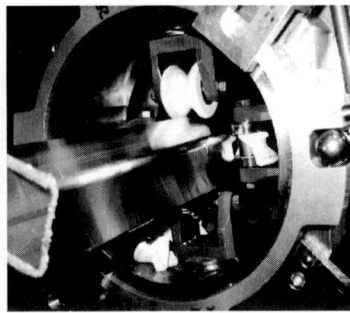

Bild 5-12: Führungswerkzeug mit Eckrollen vor und nach der Torsion

Aufgrund der konkaven Rollenform war der Kontakt mit dem Profil auf jeweils einen einzigen Punkt begrenzt. Bei der Verdrehung hielten die Rollen den vom Führungswerkzeug aufgebrachten Querkräften nicht stand. Somit konnten für diese Versuchsanordnung keine Messdaten erfasst werden.

Externes Tordieren beim Strangpressen unter Einsatz von Flächenrollen

Anders als die Eckrollen werden die Flächenrollen durch die geänderte Eingriffslinie weniger durch mögliche Querkräfte belastet. **Bild 5-13** zeigt die einzelnen Stadien der Versuchsdurchführung.

Bild 5-13: Tordieren mit Flächenrollen

Zum Zeitpunkt $t = 0$ beginnt sich das Führungswerkzeug während des Strangpressens zu verdrehen. Bis zum Zeitpunkt $t = 29$ s und einem Verdrehwinkel $\Phi = 77°$ verläuft der Versuch stabil. Ab diesem Zeitpunkt treten die ersten Schäden an den Bornitridrollen auf. Aus diesem Grund wurde die Verdrehung des Führungswerkzeugs bei einem Verdrehwinkel $\Phi = 77°$ angehalten und anschließend weitergepresst. Die defekten Rollen haben sichtbare Spuren auf der Oberfläche des Aluminiumprofils hinterlassen (Bild 6-8 zum Zeitpunkt $t = 48$ s). Die beschädigten Rollen wirken sich negativ auf den Eingriffsbereich des Führungswerkzeugs auf, sodass keine reproduzierbaren Daten aufgenommen werden konnten. In folgenden Versuchen wurde auf eine Gleitführung mit einer Führungsscheibe aus Grafit zurückgegriffen.

Externes Tordieren beim Strangpressen mit Führungsscheiben aus Grafit

Bei dieser Versuchsreihe wurden Führungscheiben anstatt von Rollen eingesetzt. Des Weiteren wurde ein kleinerer Querschnitt des Rechteckhohlprofils gepresst, um die Bruchgefahr der Führungsscheibe zu verringern. Die Maße des Profils betragen hierbei 30 x 30 x 2 mm. Die Versuche sowohl für das konventionelle Verdrehen als auch für das externe Tordieren beim Strangpressen waren erfolgreich und das Drehmoment sowie die Drehgeschwindigkeit konnten aufgenommen werden. Bei der Drehgeschwindigkeiten handelt es sich hierbei um die Drehgeschwindigkeit am Führungswerkzeug, die aus der Motordrehzahl und der Übersetzung der Getriebe sowie dem Zahnriemen berechnet wird.

Beim Warmverdrehen beträgt das Drehmoment ca. 5,5 Nm (**Bild 5-14**). Dabei konnte während des Versuchs eine homogene Temperaturverteilung in den ersten 35 Sekunden sichergestellt werden. Der Verlauf des Torsionsmoments beim Tordieren beim Strangpressen zeigt dagegen zwei Zustände; während des Zustellens des Winkels (instationärer Bereich) beträgt das Moment ca. 2,8 Nm und beim Anhalten der Zustellung (stationärer Bereich) fällt das Torsionsmoment auf ca. 0, obwohl der Zustellwinkel konstant bleibt (**Bild 5-15**). Im stationären Bereich tritt das Profil also nahezu ohne Widerstand des Zustellwerkzeugs verdreht aus, was auf eine reine Beeinflussung des bereits durch das Strangpressen plastifizierten Werkstoffes hindeutet. Im Vergleich zum konventionellen Tordieren beträgt das Torsionsmoment in der instationären Phase ca. 50% mehr als beim Tordieren während des Strangpressens, was für die Überlagerung der Druck- und Schubspannungen spricht. Der Vergleich des Drehmoments zeigt deutlich, dass die Überlagerung des Strangpressprozesses mit einer Torsion zur erheblichen Reduktion des Momentes führt, was auf eine Beeinflussung des Werkstoffflusses hindeutet und weniger auf eine Warmtorsion.

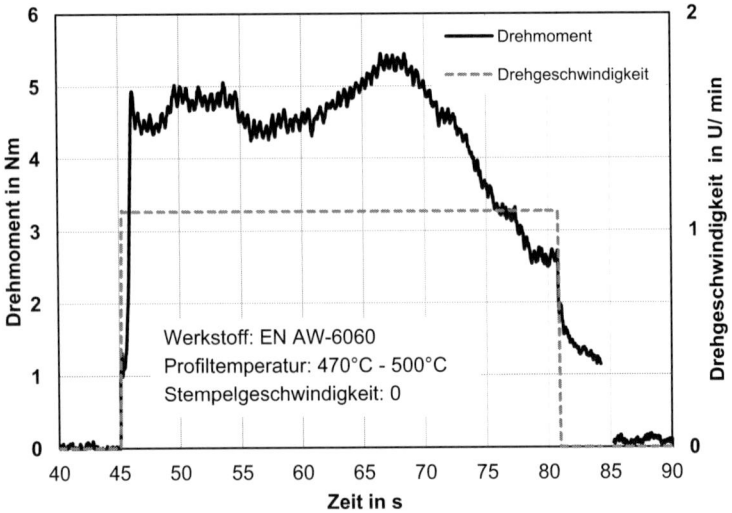

Bild 5-14: Gemessenes Drehmoment beim Warmverdrehen

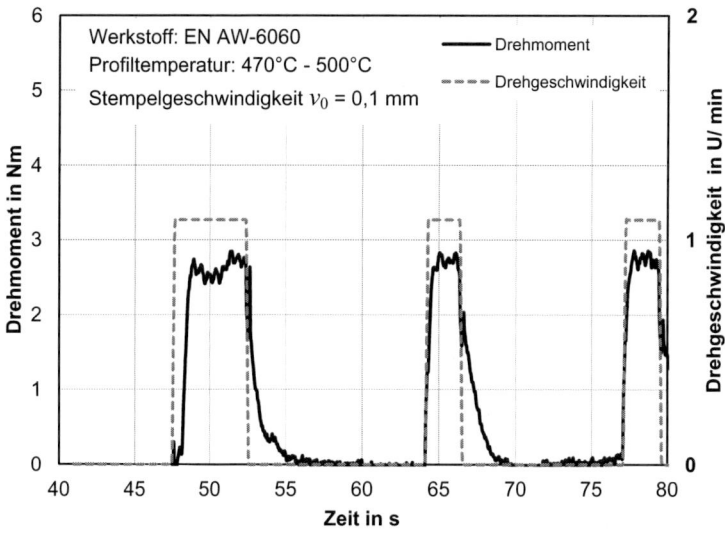

Bild 5-15: Gemessenes Drehmoment beim externen Tordieren beim Strangpressen

5.2.1.3 Diskussion der Ergebnisse

Die Untersuchungen zum Tordieren beim Strangpressen haben gezeigt, dass die Herausforderung bei diesem Prozess vorwiegend in der Profilführung und Umlenkung liegt. Die Machbarkeit des Verfahrens konnte mithilfe des Einsatzes von Führungsscheiben nachgewiesen werden, jedoch nicht durch den Einsatz von Rollen. Die Fragestellung nach dem herrschenden Spannungszustand beim externen Tordieren beim Strangpressen kann mit dem Momentvergleich beantwortet werden. Es hat sich gezeigt, dass die Erzeugung der Profilverdrehung nicht durch eine reine Warmtorsion hervorgerufen wird. Wie auch von Arendes (1999) beim Runden beim Strangpressen festgestellt, handelt es sich bei diesem Verfahren ebenfalls um ein in seinem Werkstofffluss beeinflusstes Strangpressen. Der aufgezeichnete Momentverlauf zeigt zwei Prozessphasen. Zunächst gibt es eine instationäre Phase beim Zustellen des Führungswerkzeugs, bei der die Richtung des Werkstoffflusses durch Manipulation des Geschwindigkeitsprofils in der Matrize eingestellt wird. Aufgrund der Umlenkung leistet der fließende Werkstoff im Matrizenbereich Widerstand gegen die Änderung der Fließrichtung, was sich im gemessenen Torsionsmoment während der Umlenkung widerspiegelt. Nach dem Erreichen des Zustellwinkels sinkt das Drehmoment nahezu auf null und bleibt auf dem gleichen niedrigen Niveau. Diese Prozessphase kann auch als stationärer Prozess des Tordierens beim Strangpressen bezeichnet werden. Dabei fließt der Werkstoff weiter in Spiralform und das Reaktionsmoment am Führungswerkzeug geht gegen null. Hier agiert das Führungswerkzeug wie ein weiteres Element der Strangpressmatrize, bei dem der Werkstofffluss im letzten Moment weiter umgelenkt wird. Dadurch, dass sich die Schraubenform des Profils vorher gebildet hat, ist das im Führungswerkzeug herrschende Drehmoment sehr gering bis nicht messbar. Bei den durchgeführten Untersuchungen konnte nur ein niedriger Zustellwinkel realisiert werden, der jedoch zu einem plastischen Verdrehen des Profils geführt hat. Bei steigendem Zustellwinkel wird eine Steigerung des Drehmoments sowohl in der stationären als auch in der instationären Phase erwartet. Stichprobenartige Versuche an größeren Querschnitten haben ergeben, dass das Drehmoment auch in der stationären Phase größer ist als null, was auf die größeren Kontaktflächen und somit größere Reibung zurückzuführen ist. Der direkte Vergleich zwischen Warmverdrehen und Tordieren beim Strangpressen zeigte eine Differenz des Drehmomentes von über 50%, was auf die Überlagerung der Druckspannungen aus dem Strangpressprozess mit den Schubspannungen aus dem Führungswerkzeug zurückzuführen ist. Das lässt sich anhand der Vergleichsspannungshypothese nach von Mises erklären, die wie folgt berechnet wird:

$$\sigma_v = \sqrt{\frac{1}{2}\left[\left(\sigma_r - \sigma_t\right)^2 + \left(\sigma_t - \sigma_z\right)^2 + \left(\sigma_z - \sigma_r\right)^2 + 6\left(\tau_{rt}^2 + \tau_{tz}^2 + \tau_{rz}^2\right)\right]} \qquad (5\text{-}1)$$

Unter der Annahme, dass die Tangential- und die Radialspannung beim Strangpressen gleich sind (siehe Gleichung 2-8, Kapitel 2) und nur Schubspannungen senkrecht zur z-Achse vorhanden sind, ergibt sich für die Fließspannung beim Tordieren beim Strangpressen:

$$\sigma_v = \sqrt{\left(\sigma_z - \sigma_r\right)^2 + 3\tau_{tz}^2} \qquad (5\text{-}2)$$

Damit ist zum Fließen des Werkstückwerkstoffes eine niedrigere Spannung notwendig als bei reiner Torsion (s. auch Hoggenboom-Versuch, Tekkaya (2011: Vorlesungsumdruck)). Dadurch, dass es sich nicht um ein reines Verdrehen handelt, wird bei diesem Prozess erwartet, dass die Querschnittsdeformation des Profils geringer ist. Die Querschnittsdeformation wird bei den Untersuchungen zur Herstellung von Schraubenrotoren analysiert. Über die Untersuchungsergebnisse wird im folgenden Abschnitt berichtet.

5.2.2 Herstellung von Schraubenrotoren

5.2.2.1 Versuchsstand

Nach Klärung der Fragestellung, ob es sich beim Tordieren beim Strangpressen um eine Spannungsüberlagerung oder Warmtordieren handelt, und nach der nachgewiesenen Machbarkeit anhand eines Rechteckprofils sind im nächsten Schritt experimentelle Untersuchungen zur Herstellung von Schraubenrotoren durchgeführt worden. Hierbei wurde, analog zum Innenhochdruckumformen und zum Verdrehen, das Referenzprofil P1 (**Bild 4-1**) als Rotorgeometrie in zwei Varianten eingesetzt; als Vollquerschnitt und Mehrkammerprofil. Als Führungswerkzeug wurden bei diesen Untersuchungen Führungsscheiben aus Grafit sowie im weiteren Verlauf aus beschichtetem Stahl verwendet. Der Einsatz von Rollen zur Profilführung ist bei dem dünnwandigen Rechteckprofil nicht erfolgreich gewesen, und bei dem Schraubenrotor handelt es sich um einen massiven Querschnitt. Es ist zu erwarten, dass die Rollenführungen in diesem Fall bereits bei geringeren Steigungswinkeln versagen. Des Weiteren wurde bei den Versuchen auf die manuelle Verdrehvorrichtung zurückgegriffen, die eine Besserung Handhabung des austretenden massiven Profils ermöglicht. Der Versuchsstand zum Tordieren von Schraubenrotoren ist in **Bild 5-16** dargestellt.

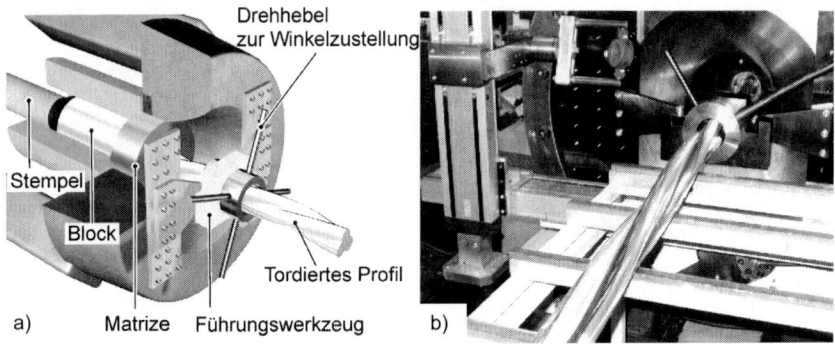

Bild 5-16: Versuchsstand zum externen Tordieren beim Strangpressen, a) Versuchsaufbau, b) Realer Versuchsstand

Die Versuchsparameter sind in **Tabelle 5-3** zusammengefasst. Analog zu den vorigen Versuchen wurde hier die gleiche Aluminiumlegierung EN AW-6060 bei 550°C verpresst. Die Stempelgeschwindigkeit wurde im Verlauf der Untersuchungen von 0,1 bis ca. 5,5 mm/s variiert, um eine stabile Prozessführung zu erreichen.

Tabelle 5-3: Versuchsparameter zur Umformung von Schraubenrotoren

Blockwerkstoff	Aluminium EN AW-6060
Blocktemperatur	550°C
Rezipiententemperatur	450°C
Werkzeugtemperatur	400°C
Profilgeometrie	Referenzprofil P1, Vollquerschnitt sowie Mehrkammerquerschnitt
Werkstoff Führungsscheibe	Grafit, Stahl beschichtet
Stempelgeschwindigkeit	0,1 bis 5,5 mm/s

5.2.2.2 Versuchsergebnisse und Diskussion

Bei den Versuchen wurde stichprobenartig eine Zustellung des Führungswerkzeuges während des Pressens und bei angehaltener Presse vorgenommen. Es hat sich gezeigt, dass eine manuelle Zustellung bei angehaltener Presse wesentlich größere Drehmomente erfordert als während des Pressens. Weiterhin ist die Zustellung des Führungswerkzeugs während der gesamten Pressung erhalten geblieben, was den geringen Drehmomentbedarf auch bei der Umformung komplexerer Profile bestätigt. Bei den Versuchspressungen konnte, begrenzt durch einen eintretenden Werkzeugbruch am Führungswerkzeug, ein Steigungswinkel von ca. 40°/ 100 mm erzielt werden. Die Konturabweichung beträgt im Durchschnitt 0,7 mm, wobei ein Ausreißer im Konturverlauf zu sehen ist, der auf die entstandenen Riefen durch Kontakt mit der Führungsscheibe am Profil zurückzuführen ist (**Bild 5-17a**). Anschließend ist die Führungsscheibe gebrochen (**Bild 5-17b**).

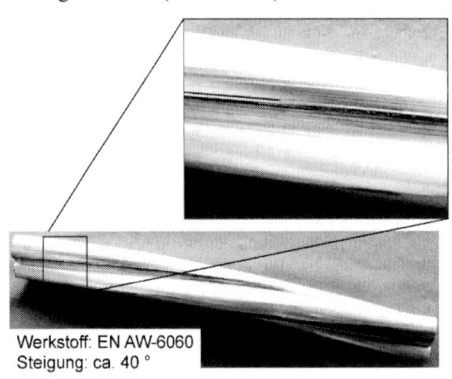

a) Tordiertes Profil mit Schleifspuren   b) Gebrochene Führungsscheibe

Bild 5-17: Hergestelltes Rotor

Die abgebildete Führungsscheibe besitzt eine Stärke von 12 mm und hat einen Durchbruch mit einem Aufmaß von ca. 2 mm des zu verdrehenden Profils (**Bild 5-18**). Trotz abgerundeter Kanten und der guten Gleiteigenschaften von Grafit auf heißem Aluminium sind bei größeren Verdrehwinkeln Spuren an der Strangoberfläche entstanden (**Bild 5-18**).

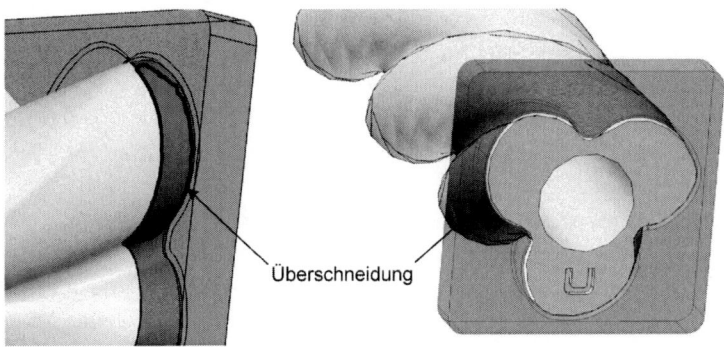

Bild 5-18: Problemdarstellung bei der Führungsscheibe

Die Schleifspuren im Profil entstehen durch Überschneidungen mit der Führungsscheibe mit zunehmender Verdrehung. Der maximale Zustellwinkel, bei dem keine Überschneidung zwischen Scheibe und Profil eintritt, kann durch die Reduzierung der Scheibendicke oder durch Vergrößerung des Spiels zwischen der Kontur der Führungsscheibe und der Profiloberfläche erhöht werden. Grundsätzlich ist die Fertigung einer Scheibe mit einer spiralförmigen Innenkontur ebenfalls möglich, allerdings ist diese Form nur für einen Winkel geeignet. Des Weiteren entstehen an der Führungsscheibe mit dem spiralförmigen Ausbruch scharfe Kanten, und der Eingriffsbereich mit dem zu führenden Profil ist demnach nicht prozesssicher und würde zu Riefen an der Profiloberfläche bis hin zum Bruch der Scheibe führen. Eine Wandstärkenreduzierung der Führungsscheibe ist nur in Verbindung mit einem Werkstoffwechsel möglich, da Grafit sehr spröde ist. Eine Alternative könnte der Einsatz von Stahl-Werkzeugwerkstoffen in Kombination mit einer Beschichtung bieten.

Als Maßnahme zur Reibungsreduktion wurden 5 mm dicke Stahlscheiben gefertigt und mit Beschichtungen versehen. Problematisch war hierbei, eine geeignete Beschichtung mit guten Gleiteigenschaften zwischen dem heißen Aluminium und dem Stahl zu finden, insbesondere wegen der Einsatztemperatur von ca. 500 °C, bei der die gängigen konventionellen Beschichtungen an ihre Einsatzgrenze gelangen. Es wurden im Rahmen dieser Untersuchungen zwei Beschichtungen erprobt, eine DLC-Beschichtung der Firma IKOS (Dynamant) und eine vom Lehrstuhl für Werkstofftechnologie in Dortmund entwickelte Super-Nitridschicht (TiAl-SN). Beide Beschichtungen weisen sehr gute Reibeigenschaften im konventionellen Einsatz bei niedrigen Temperaturen auf, allerdings fehlen auch hier jegliche Erfahrungen mit deren Verhalten beim Kontakt mit heißem Aluminium. Darüber hinaus wurde anstatt des Vollprofils das Mehrkammerprofil aufgrund der reduzierten Massenträgheit gepresst, um das benötigte Drehmoment zu verringern. Damit soll ebenfalls eine Reduzierung der Querkraft erreicht werden.

Bei den Versuchspressungen mit dem Einsatz der beschichteten Führungsscheiben ist insbesondere in den Kontaktflächen ein Kleben von Aluminium an beiden beschichteten Scheiben aufgetreten (**Bild 5-19a**). Darüber hinaus sind am ausgetretenen Strang bei weiterer Verdrehung des Führungswerkzeugs an der Profiloberfläche tiefe Schleifspuren entstanden, und das Profil hat sich anschließend an der Scheibe verkantet (**Bild 5-19b**, Führungsscheibe wurde für die Aufnahme entfernt). Die Gründe für diese Oberflächenschäden sind in der bedingten Eignung dieser Beschichtung zu finden. Zur Reibungsreduktion beim Einsatz von Aluminium unter hohen Temperaturen sollten daher geeignete Beschichtungssysteme entwickelt und erprobt werden. Im Rahmen dieser Arbeit ist die Reibung beim Strangpressen einen wesentlichen Untersuchungsaspekt sowohl für die Profilführung als auch für die Beschichtung von Strangpressmatrizen. Ein Beitrag zur Analyse von ausgewählten Beschichtungen wird im Kapitel 7 vorgestellt.

DLC-Schicht (Diamantbasis)   TiAl_SN (super Nitrid)
Fa. IKOS   LWT, Uni Dortmund

a) Verkleben des Aluminiums auf die Führungsscheibe

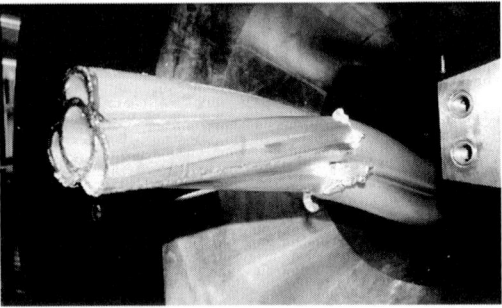

b) Verkanten des Strangpressprofils an der Führungsscheibe

Bild 5-19: a) Verkleben des Aluminiums in den beschichteten Scheiben, b) Verkanten des Profils an den Scheiben

5.3 Fazit zum Kapitel 5

Die in diesem Kapitel dargestellten Ergebnisse zum externen Tordieren beim Strangpressen zeigen deutlich, dass dieser Prozess eine vielversprechende Möglichkeit zur direkten Herstellung von schraubenförmigen Profilen beim Strangpressen ist. Der Strangpressprozess wird um ein weiteres Führungswerkzeug ergänzt, das den Werkstofffluss umlenkt. Die Strangpressmatrizen werden hierbei für diesen Prozess nicht modifiziert, sondern es kann auf die konventionellen Matrizen zurückgegriffen werden. Bei den Untersuchungen konnte zum einen die Frage beantwortet werden, dass es sich bei diesem Prozess um eine Beeinflussung des Werkstoffflusses handelt, bei dem ein größeres Drehmoment während der Zustellphase erforderlich, das wiederum deutlich weniger ist als das beim reinen Warmdrehen. Wenn der gewünschte Zustellwinkel erreicht und weiter stranggepresst wird, nimmt das am Führungswerkzeug gemessene Drehmoment stark ab. Mithilfe dieses Verfahrens könnten Langprodukte mit über die Bauteillänge variierender oder konstanter Steigung wirtschaftlich und mit geringer Geometriedeformation hergestellt werden. Auch massive Querschnitte wie beim Schraubenrotor können hergestellt werden. Die Prozessführung unterscheidet sich dabei nicht wesentlich vom konventionellen Strangpressprozess. Das Prozessfenster wird allerdings durch die tribologischen Randbedingungen zwischen Führungswerkzeug und dem heißen Profil deutlich eingeschränkt.

6 Internes Tordieren beim Strangpressen

6.1 Verfahrensprinzip und Werkzeugkonzept

Die Verfahrensvariante internes Tordieren beim Strangpressen basiert auf dem Verfahrensprinzip des Fließpressens von kleinen Bauteilen mit Schrägverzahnung, was in den letzten Jahrzehnten grundlegend untersucht wurde (Kapitel 2). Eine Übertragung der Erkenntnisse auf das interne Tordieren beim Strangpressen wurde bisher nicht unternommen oder erforscht. Die wesentlichen Unterschiede zwischen beiden Verfahren werden in der Tribologie und dem damit verbundenen Werkstofffluss gesehen, da beim Strangpressen von Leichtmetallen keine Schmierung eingesetzt wird. Weiterhin spielt auch das unterschiedliche Temperaturniveau eine übergeordnete Rolle. Bei der Entwicklung und Untersuchung des internen Tordierens beim Strangpressen wird erwartet, dass eine hohe Oberflächengüte sowie lange Produkte mit einem konstanten Steigungswinkel erzielt werden können, da die Geometrie unmittelbar von der Strangpressmatrize vorgegeben wird (**Bild 6-1**).

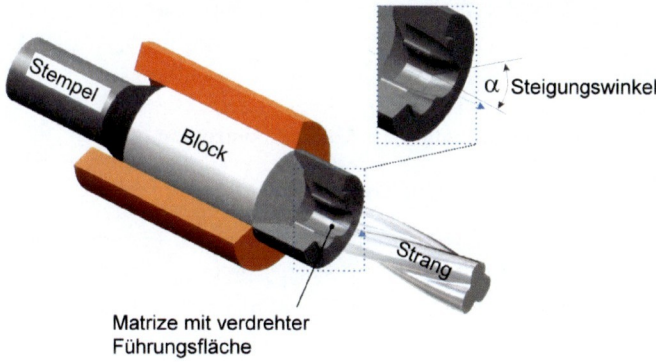

Bild 6-1: Verfahrensprinzip: Internes Tordieren beim Strangpressen

Hierbei besteht die Herausforderung darin, ein Werkzeugkonzept zu entwickeln, bei dem eine Verdrehung des Werkstoffflusses im Inneren des Presskanals erfolgen soll. Im Rahmen dieser Arbeit wurde ein Konzept zur Auslegung und Konstruktion von speziellen Matrizen entwickelt, die hinsichtlich des Steigungswinkels möglichst flexibel sind und in Zusammenarbeit mit einem Werkzeugbauer (Wilke Werkzeugbau) gefertigt wurden. Unter dieser Vorgabe wurde eine modulare Matrize konzipiert, die aus drei Elementen aufgebaut ist (**Bild 6-2**). Das erste Element hat eine Vorkammer und dient zur Verbesserung des Werkstoffflusses durch die Vermeidung einer toten Zone im Werkzeuginneren. Das zweite Element ist die eigentliche formgebende Matrize, in der sowohl die Endgeometrie als auch die Steigung des Profils gestaltet werden. Das letzte Werkzeugelement bildet die zur Abstützung des Werkzeuges erforderliche Hinterlage. Bei der Auslegung der Matrize wurde, analog zum Fließpressen, zunächst einfach die gewünschte Profilkontur mithilfe eines CAD-Programms virtuell verdreht extrudiert, ohne eine Modifikation der Ausgangsgeometrie vorzunehmen. Dabei bleibt die Profilkontur innerhalb der Matrize konstant. Dieses neuartige Konzept von Strangpressmatrizen soll zunächst erprobt und ggf. modifiziert werden.

Bild 6-2: Modulares Werkzeugkonzept mit Innenverdrehung für das interne Tordieren beim Strangpressen

6.2 Erprobung und Modifikation des Matrizenkonzeptes

6.2.1 Versuchsdurchführung und Ergebnisse

Bei den ersten Versuchspressungen wurden Blöcke aus der Legierung EN AW-6060 auf 550°C vorgeheizt und mit der 10-MN-Strangpresse verpresst. In der Strangpressmatrize wurde ein Steigungswinkel von 90°/ 100 mm bzw. 0,9°/ mm bei einer Führungsflächenlänge von 15 mm vorgegeben. Bei der Versuchspressung ist der verpresste Aluminiumblock als tordiertes Profil aus der Matrize ausgetreten. Die Oberflächengüte entspricht der üblichen Qualität von stranggepressten Profilen (**Bild 6-3**).

Bild 6-3: Profil, hergestellt durch das interne Tordieren beim Strangpressen

Internes Tordieren beim Strangpressen 77

Allerdings entspricht der Querschnitt des gepressten Schraubenrotors nicht dem Sollquerschnitt. Die Zahnbreite hat sich verringert und der Konturverlauf im Fußkreisbereich ist flacher geworden (**Bild 6-4**, Realkontur mit 90°-Matrize). Dieses Ergebnis weist darauf hin, dass der Werkstoff durch die Verdrehung in der Matrize ungleich schnell fließt, was zu einer Unterfüllung des Presskanals am Matrizenaustritt führt. Neben der Querschnittsänderung hat sich am Profil ein anderer Steigungswinkel gebildet, als von der Matrize vorgegeben. Hierbei beträgt der am Profil erzielte Steigungswinkel ca. 23°, der signifikant kleiner ist als der Winkel in der Matrize (Sollwinkel 90°). Um den Steigungswinkel am Profil zu erhöhen, wurde im Rahmen der Voruntersuchungen eine zweite Matrize mit einem Steigungswinkel von 400°/100 mm gefertigt. Hierbei weicht der Istquerschnitt des gepressten Rotors noch deutlicher von der Sollgeometrie ab, sodass sich eine ganz andere Profilkontur ergeben hat (**Bild 6-4**). Eine Auswertung des erzielten Steigungswinkels ist in diesem Fall nicht mehr möglich. Um diese Beobachtungen erklären zu können, ist eine Analyse des Werkstoffflusses innerhalb der Matrize mithilfe der finiten Elemente erforderlich. Darüber wird im folgenden Abschnitt berichtet.

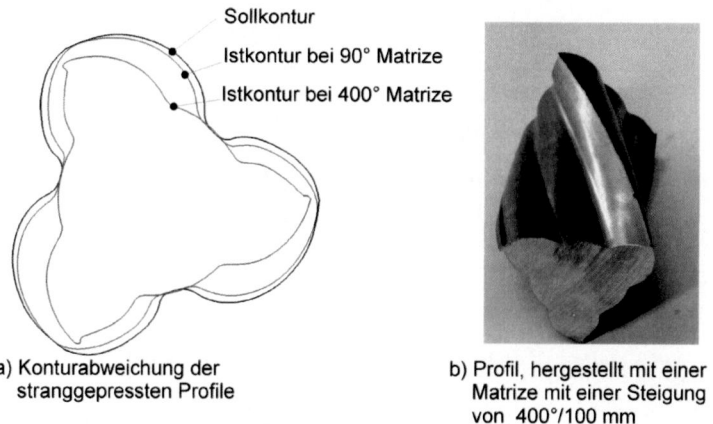

a) Konturabweichung der stranggepressten Profile

b) Profil, hergestellt mit einer Matrize mit einer Steigung von 400°/100 mm

Bild 6-4: a) Soll-Ist-Vergleich der Profilkontur nach dem Strangpressen mit verschiedenen Matrizen, b) hergestelltes Profil mit einer Matrize mit der Steigung 400°/100 mm

6.2.2 Werkstoffflussanalyse mithilfe der FEM

6.2.2.1 Aufbau des Simulationsmodells

Um die Änderung des Steigungswinkels sowie der Querschnittsgeometrie am Profil zu analysieren, wird die Finite-Elemente-Methode eingesetzt. Hierbei wurden thermomechanisch gekoppelte Simulationen mithilfe des FEM-Programms DEFORM 3D durchgeführt. Die eingesetzten Fließkurven der Aluminiumlegierung EN AW-6060 wurden mithilfe des Warmtorsionsversuchs im Temperaturbereich zwischen 400 und 550 °C und bei drei Umformgeschwindigkeiten ermittelt und sind im Anhang (**Bild A-4**) dargestellt. Der Wärmeübergangskoeffizient von 11 W/(mm^2·K) zwischen dem Werkstück und den Werkzeugelementen des Strangpressens wurde aus der Literatur entnommen. Alle Werkzeugelemente wurden bei der Simulation als starre Körper modelliert. Die Prozessparameter sowie die Anfangstemperaturen wurden wie im Experiment gewählt. Hinsichtlich der Reibmodelle wurde das Scherreibmodell nach Tresca gewählt, vgl. Kapitel 2. Dabei variiert der Reibfaktor zwischen $m = 0,9$ und $m = 1$ im Bereich der Matrize, während eine reine Werkstoffhaftung zwischen Matrize und Rezipient gewählt wird. Die numerischen und physikalischen Parameter sind in **Tabelle 6-1** zusammengefasst.

Tabelle 6-1: Parameter für die FEM Simulationen

Werkstoff	EN AW- 6060
Eingangsblocktemperatur	550 °C
Rezipiententemperatur	450 °C
Matrizentemperatur	450 °C
Blockdurchmesser	149 mm
Blocklänge	300 mm
Stempelgeschwindigkeit	4,5 mm/s
Reibfaktor in der Matrize	m = 0,9
Elementtypen	Tetraeder-Elemente
Anfangselementzahl	100.000

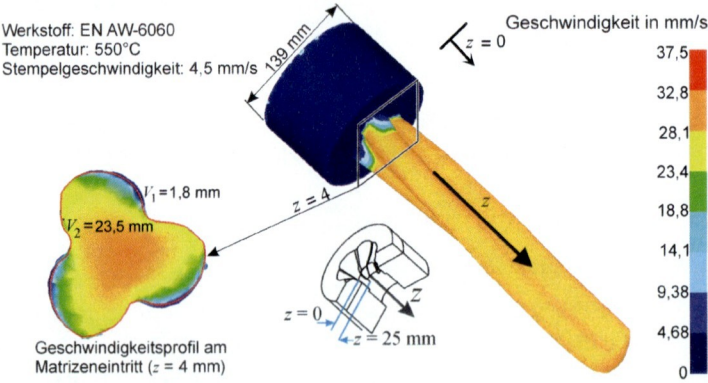

Bild 6-5: Prozesssimulation mit DEFORM 3D

6.2.2.2 Ergebnisse der Prozesssimulation

Geschwindigkeit und Vergleichsumformgrad

Für die Interpretation der Simulationsergebnisse wird die Pressrichtung durch die z-Achse gekennzeichnet, wobei $z = 0$ den Matrizeneingang bezeichnet. Es wurden 4 Profilschnittebenen normal zur Pressachse (z-Richtung) für die Auswertung definiert. Die erste Ebene ist bei $z = 4$ mm in der Nähe des Matrizeneingangs, da bei $z = 0$ eine große Netzverzerrung zu verzeichnen ist und dort die Kontur nicht korrekt ausgewertet werden kann. Es sind zwei Ebenen innerhalb der Matrize ($z = 12$ mm und $z = 18$ mm) sowie eine Ebene am Matrizenausgang ($z = 25$ mm). Die Simulationsergebnisse zeigen die gleichen Tendenzen hinsichtlich der Verringerung des Steigungswinkels sowie der Querschnittsdeformation auf. Wie im Experiment ist der erreichte Steigungswinkel von ca. 21°/100 mm ebenfalls wesentlich kleiner als der Sollsteigungswinkel von 90°/100 mm. Die Änderung des Steigungswinkels zwischen der Matrize und der Profilkontur findet am Austritt aus der Matrize statt. Das erklärt sich aus der inhomogenen Geschwindigkeitsverteilung des Werkstoffes im Matrizeneingang (**Bild 6-6a**, Schnittebene $z = 4$ mm). Der Geschwindigkeitsunterschied in den beiden Zahnflanken ($v_2 = 34$ mm/s auf der einen Zahnflanke und $v_1 = 0,8$ mm/s auf der anderen Flanke, **Bild 6-6a**) agiert wie ein Gegenmoment zur von der Matrize erzwungenen Drehung. Der Geschwindigkeitsunterschied nimmt während des Fließens in der Matrize ab ($v_1 = 10,8$ mm/s in **Bild 6-6b** und $v_1 = 14,3$ mm/s in **Bild 6-6c**), am Matritzenaustritt fließt der Werkstoff über den Querschnitt gleichmäßiger (**Bild 6-6d**). Bzgl. der Profilkontur hat sich die Zahnbreite ebenfalls verringert. Die Differenz zwischen der Profil- und der Matrizeninnenkontur nimmt während des Fließens zu. Diese Differenz am Matrizeneingang ist vernachlässigbar gering und die Form der Matrize ist im Eingangsbereich vollständig mit dem Werkstoff gefüllt (**Bild 6-6a**). Entlang der Pressachse (z-Achse) wird die Matrize unterfüllt und es entsteht eine tote Zone, die am Matrizenaustritt am größten ist (Differenz zwischen Profil- und Matrizenkontur gemäß **Bild 6-6d**). Die Querschnittsabweichung wird in diesem Bereich am größten.

Wird der Werkstofffluss innerhalb eines Profilquerschnittes betrachtet (**Bild 6-6**), wird ein relativ großer Bereich in der Geschwindigkeitsverteilung festgestellt (Farbe Weiß, in der Profilmitte), der durch die Steigung der Matrize nicht beeinflusst wird. Dieser relativ große Querschnittsanteil wirkt der gewünschten Verdrehung entgegen.

Internes Tordieren beim Strangpressen

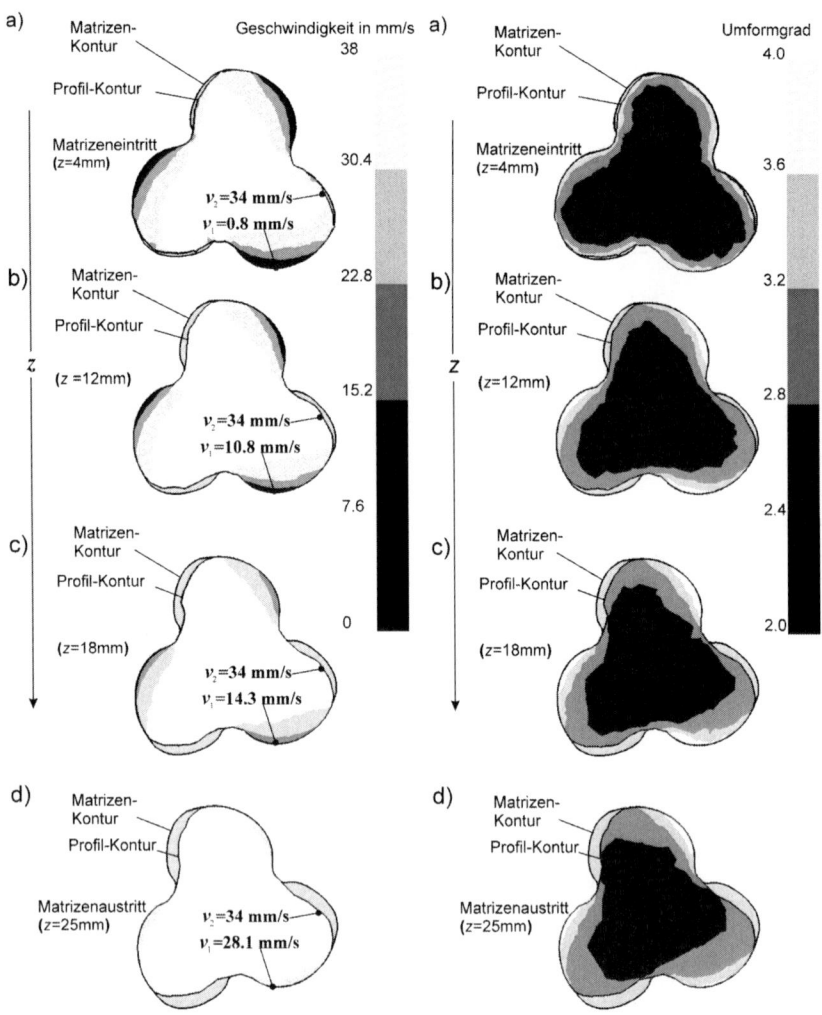

Bild 6-6: Geschwindigkeitsverteilung des Profilquerschnitts in der Matrize und Vergleich der Profilaußenkontur

Bild 6-7: Dehnungsverteilung des Profilquerschnitts in der Matrize

Neben der Geschwindigkeit wurde auch die Verteilung des Vergleichsumformgrades ausgewertet (**Bild 6-7**). Die Verteilung des Umformgrades innerhalb eines Profilquerschnittes ist ebenfalls stark inhomogen. Die größte Formänderung erfährt erwartungsgemäß der Werkstoff im Kontaktbereich mit der Matrize. Dies ist auf die Reibung und die dadurch verursachte Schubspannung zurückzuführen, die von der Steigung der

Matrize hervorgerufen wird. Die inhomogene Verteilung der Geschwindigkeit und des Vergleichsumformgrads innerhalb des Profilquerschnitts, verursacht durch die Reibung, führen dann zur Unterfüllung der Matrize und somit zur Abweichung der Querschnittsgeometrie des austretenden Profils. Deshalb soll der Effekt der Reibung näher betrachtet werden.

Einfluss der Reibung auf den Werkstofffluss

Um den Einfluss der Reibung auf die Querschnittsdeformation und den Steigungswinkel zu quantifizieren, wurden weitere numerische Untersuchungen unter Variation der Reibung in der Matrize durchgeführt. Hierbei wurde der Reibwert in der Matrize zwischen $m = 0,9$, wie es im Strangpressen von Aluminium üblich ist, und reibungsfrei ($m = 0$) variiert (**Bild 6-8**). Die Reibung zeigt einen signifikanten Einfluss auf die erreichbaren Konturgenauigkeiten und Steigungswinkel. Je niedriger der Reibwert ist, desto höher ist der Steigungswinkel im Profil. Das lässt sich dadurch erklären, dass der Werkstoff mit sinkendem Reibwert die Matrize zunehmend füllt und durch die Steigung in der Matrize nicht gehemmt wird. Zusätzlich fließt der Werkstoff auch homogener. Unter dem Ansatz eines reibungsfreien Werkstoffflusses ($m = 0$) kann ein Profil nahezu ohne Geometrieabweichung sowie mit dem vorgegebenen Steigungswinkel hergestellt werden (**Bild 6-8**).

Beim Kaltfließpressen liegt der Reibwert m je nach Schmierung bei etwa 0,1, deswegen gelingt die Ausformung von schraubenförmigen Werkstücken durch das Fließpressen sehr gut. Beim Strangpressen von Aluminiumlegierungen ist es hingegen derzeit nicht möglich, durch geeignete Beschichtungssysteme die Reibung in der Matrize deutlich zu reduzieren. Im Rahmen dieser Arbeit wird die Eignung von ausgewählten Beschichtungen zur Reduzierung der Reibung beim Strangpressen analysiert. Die Untersuchungen dazu wurden an einem Referenzversuchsstand im Labormaßstab durchgeführt. Über die Ergebnisse wird im **Kapitel 7** ausführlich berichtet.

Um die Geometrieabweichung des Profils zu verringern, gibt es zwei Möglichkeiten:
1. Reduktion der Reibung in der Matrize
2. Neugestaltung der Matrize, insbesondere der Führungsflächen, und Optimierung des Werkstoffflusses

Ausgehend vom konventionellen Aluminiumstrangpressen und den damit verbundenen tribologischen Bedingungen gilt es den Werkstofffluss durch konstruktive Änderungen an der Matrize zu optimieren und somit die Abweichung von der Sollkontur zu reduzieren. Hierzu wird die FEM eingesetzt, um das Matrizendesign verbessern zu können. Die Ergebnisse werden im folgenden Abschnitt erläutert.

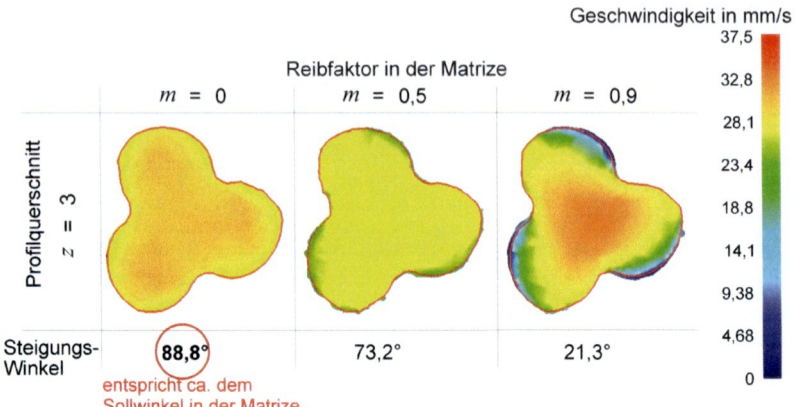

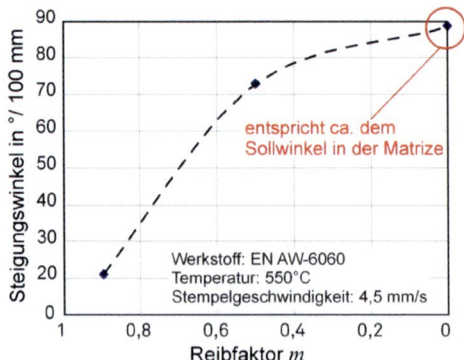

Bild 6-8: Einfluss der Reibung a) auf den Werkstofffluss, b) auf den Steigungswinkel

6.2.3 Numerisch gestützte Optimierung des Werkstoffflusses durch Matrizenneugestaltung

Wie im Stand der Technik dargelegt, kann der Werkstoff durch gezielte Gestaltung der Matrizeneinläufe und der Führungsflächen beeinflusst werden, um entweder gerade Profile oder auch definiert gekrümmte Profilformen zu erzeugen. Die Modifikation der Führungsflächenlänge und der Werkzeuggeometrie geschieht mithilfe von CAD-Programmen und FEM-Simulationen. Ein erster Schritt in der Werkzeuganpassung ist es, den Bereich der toten Zone zu minimieren, damit die Profilkontur besser ausgeformt werden kann. Die Profilkontur im Matrizenaustritt ist teilweise verdeckt, dadurch entstehen die toten Zonen (**Bild 6-9**). Bekanntlich sucht sich der Werkstoff den Weg mit dem geringsten Widerstand und dadurch kommt es zur nicht vollständigen

Bildung der Profilgeometrie. Zur Vermeidung der toten Zone wurde die Profilkontur am Matrizenaustritt mithilfe eines CAD-Programms gegen die Pressrichtung extrudiert. Anschließend wurde die Überschneidung des extrudierten Körpers von der vorherigen Matrize entfernt (**Bild 6-9a,**). Dieses neue Konzept wurde zunächst simuliert, um die Auswirkung der neuen Matrize auf die Geschwindigkeitsverteilung zu überprüfen (**Bild, 6-9b**). Hierbei zeigt sich ein gleichmäßiger Werkstofffluss am Matrizeneintritt, weil der Werkstoff im Bereich der Führungsflächen allseitig gehemmt wird, und somit ist eine vollständige Füllung der Matrize gewährleistet. Des Weiteren ist der Profilquerschnitt am Matrizeneintritt vergrößert worden, damit die Matrize bis zum Austritt gefüllt ist. Wird darüber hinaus der Querschnitt des simulierten Strangpressprofils am Matrizenaustritt (**Bild 6-9b**, am Austritt) betrachtet, wird festgestellt, dass die geforderte Querschnittsgeometrie durch die Modifikation der Matrize erzielt werden konnte.

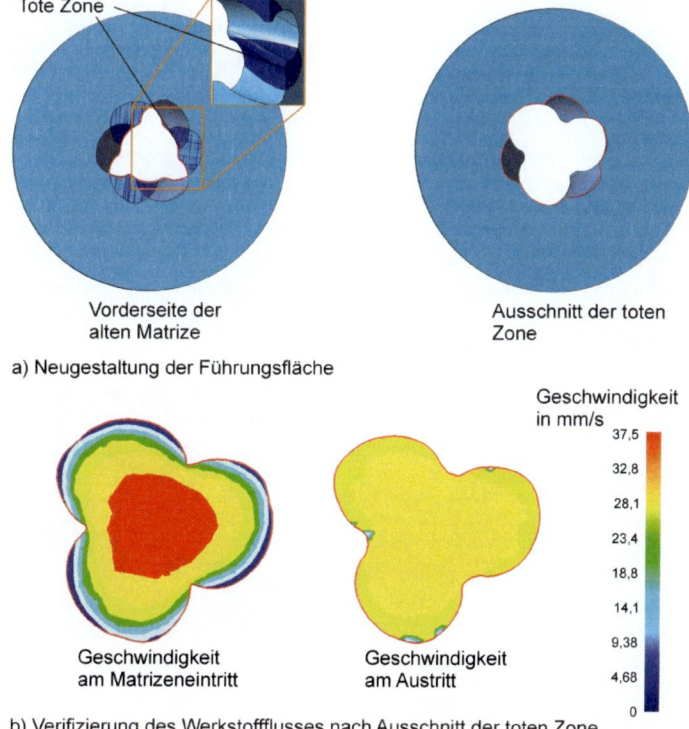

Bild 6-9: Ausschnitt der toten Zone und die Auswirkung auf den Werkstofffluss

Nachdem die Querschnittsgeometrie verbessert wurde, soll die Länge der Führungsflächen der Matrize im nächsten Schritt betrachtet werden. Wie im **Kapitel 2** beschrieben, kann der Werkstofffluss durch Einstellung der Führungsflächenlänge gezielt beeinflusst werden. Durch den Schnitt der toten Zonen ist die Matrize zwar vollständig gefüllt, aber dadurch hat sich eine ungleich lange Führungsfläche im Querschnitt ergeben (**Bild 6-10c**).

Während die Länge der Führungsfläche auf der Seite mit der Steigung unverändert ist, ist sie auf der Seite mit dem geraden Auslauf wesentlich länger geworden. Durch die Vergrößerung der Reibfläche würde der Werkstofffluss ebenfalls stärker gehemmt und gegen das Verdrehen wirken. Aus diesem Grund wurde die Länge der Führungsflächen an beiden Zahnflanken so angepasst, dass der Werkstoff gleichermaßen gebremst wird (**Bild 6-10d**). Aus der neuen Form des formgebenden Matrizenelements wurde anschließend eine neue Vorkammer konzipiert, in dem eine zusätzliche Verdrehung des Werkstoffflusses vorgesehen ist. Hierdurch soll bewirkt werden, dass der Werkstoff in der Vorkammer vorverdreht wird, um den Steigungswinkel zu erhöhen.

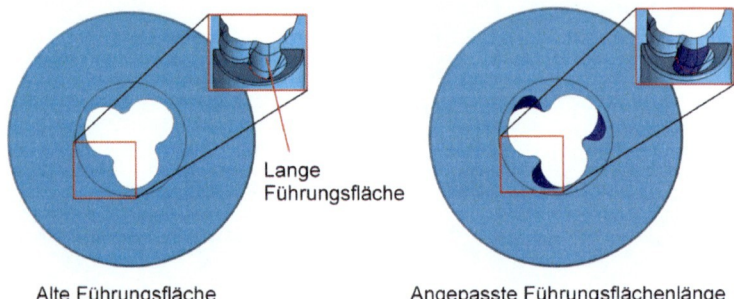

a) Anpassung der Führungsflächenlänge

b) Gestaltung der Vorkammer aus der Matrizenkontur

Bild 6-10: Neugestaltung der Matrize

Diese Werkzeuggeometrie wurde anschließend gefertigt und experimentell erprobt (**Bild 6-11**). Das Ergebnis der experimentellen Untersuchung zeigt **Bild 6-11**. Wie erwartet, konnten die Abweichungen des Profilquerschnittes deutlich verringert werden (Vergleich Sollkontur mit der Istkontur optimiert).

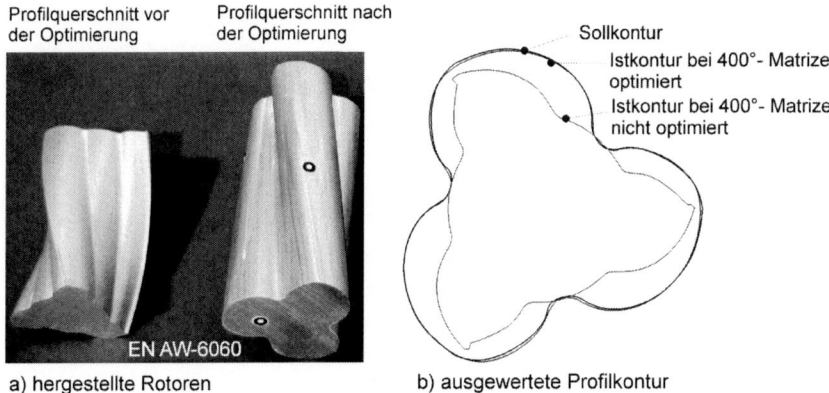

a) hergestellte Rotoren b) ausgewertete Profilkontur

Bild 6-11: Erhöhung der Konturgenauigkeit durch Neugestaltung der Matrize

Der bei diesem Versuch erzielte Steigungswinkel beträgt ca. 30,5°/100 mm, erzielt durch eine Matrize mit einer Steigung von 400°/100 mm. Der Steigungswinkel konnte aufgrund des großen Flächenträgheitsmomentes trotz größeren Winkels in der Matrize nicht signifikant gesteigert werden. Wie den durchgeführten Simulationen sowie der Literatur zu entnehmen ist, fließt der Werkstoff beim Strangpressen in der Mitte schneller als an den Randzonen. Bei zunehmender Größe der Profilquerschnitte kann ein größerer Anteil des Werkstoffes nicht umgelenkt werden. Daher liegt die Vermutung nahe, dass neben der Reibung auch der Profilquerschnitt bzw. das Verhältnis zwischen Volumen und Kontaktoberfläche ebenfalls einen signifikanten Einfluss auf die Verdrehung haben kann. Diese Effekte werden untersucht und in Ergebnissen im nachfolgenden Abschnitt vorgestellt. Es soll eine umfassende Prozessanalyse durchgeführt werden, um weitere Einflussparameter auf den Steigungswinkel zu ermitteln und Gestaltungsrichtlinien für die Geometrie sowie für den Prozess abzuleiten.

6.3 Signifikante Einflussfaktoren für den Steigungswinkel

Nachdem die geforderte Profilgeometrie durch die Optimierung der Werkzeuggestaltung und somit des Werkstoffflusses weitestgehend erzielt werden konnte, geht es in diesem Abschnitt um die Ermittlung der Faktoren, die den Steigungswinkel im Profil beeinflussen. Ein wesentlicher Faktor stellt die Reibung in der Matrize dar, wie im vorherigen Abschnitt ausführlich dargestellt. Bei reibungsfreien Bedingungen kann der in der Matrize vorgegebene Steigungswinkel vollständig im Profil ausgeformt werden. Wird vom konventionellen Strangpressprozess mit realen Reibbedingungen ausgegangen (Reibwert zwischen $m = 0,9$ und $m=1$), sind zahlreiche Faktoren im Stand der Technik aufgeführt, die den Werkstofffluss beeinflussen können. Die beim Strangpressen insgesamt hohen Werte und starken Gradienten von wesentlichen Umformparametern wie Temperaturen, Spannungen, Umformgrade und Umformgeschwindigkeiten erschweren eine exakte lokale Bestimmung dieser Größen (Arendes1999). Zusätzlich können an der Strangpresse und den Werkzeugen aufgrund der hohen Kräfte nicht unerhebliche elastische Verformungen auftreten. Diese Parameter hinsichtlich ihres Einflusses auf den Steigungswinkel zu beurteilen, wird zusätzlich dadurch erschwert, dass sich diese Parameter gegenseitig beeinflussen. Als Resultat ist eine eindeutige Trennung der Einflüsse der oben genannten Parameter experimentell nicht immer möglich. Allerdings können mit der FEM die wesentlichen Parameter einzeln betrachtet und bewertet werden. Im Folgenden werden die möglichen Parameter aufgelistet, die den Werkstoff mittelbar oder unmittelbar beeinflussen können. Basierend auf dem Stand der Technik und den Erfahrungen über das Strangpressen soll eine theoretische Vorabgewichtung der wesentlichen Faktoren durchgeführt werden, um den Untersuchungsumfang überschaubar darzustellen.

1. Werkstoff

In den im Stand der Technik durchgeführten Arbeiten ist ein geringer Unterschied des Werkstoffflusses zwischen den einzelnen Legierungen einer Legierungsgruppe festgestellt worden. Für das gesamte Untersuchungsspektrum wird die Standardaluminiumlegierung EN AW-6060 gewählt. Eine weitere Variation der Werkstoffvariation wird im Rahmen dieser Arbeit nicht durchgeführt.

2. Temperatur

Die Strangpresstemperatur beträgt in der Regel 400 - 550°C. Der Einfluss der Temperatur wird numerisch für drei Temperaturen 400 °C, 450 °C und 500 °C untersucht. Die mittels Torsionsversuchs ermittelten Fließkurven für diesen Temperaturbereich und bei drei verschiedenen Umformgeschwindigkeiten (**Bild A-3**) wurden in das FEM-Programm DEFORM 3D implementiert. Niedrigere Temperaturen sind nicht üblich, da dadurch die gewünschte Rekristallisation bzw. Erholung im Prozess gehemmt wird und die Bauteileigenschaften schlechter werden können. Auf der anderen Seite haben Untersuchungen von Flitta und Sheppard (2003) gezeigt, dass die Temperatur auch die Reibung beeinflussen kann. Diese Untersuchungen wurden im Temperaturbereich zwischen 300-450 °C durchgeführt. Diese Aussage wird stichprobenartig experimentell überprüft, da die in der Simulation vorhandenen Werkstoffmodelle keine temperaturabhängigen Reibungswerte beinhalten.

3. Pressgeschwindigkeit

Die von Valberg (2009) durchgeführten visioplastischen Untersuchungen an Rundprofilen haben keinen signifikanten Einfluss der Geschwindigkeit auf den Werkstofffluss gezeigt. Da es sich aber in diesem Fall um eine zusätzliche Verdrehung des Werkstoffes innerhalb der Matrize handelt, soll der Einfluss der Pressgeschwindigkeit zunächst numerisch untersucht und ggf. anschließend experimentell validiert werden.

4. Pressverhältnis

Das Pressverhältnis hat einen großen Einfluss auf den hydrostatischen Druck sowie auf den Werkstofffluss und soll ebenfalls numerisch und anschließend auch experimentell analysiert werden. Dabei werden numerisch drei Pressverhältnisse und experimentell zwei Pressverhältnisse durch den Einsatz zweier unterschiedlich großer Rezipienten untersucht.

5. Profilgeometrie

Basierend auf den Voruntersuchungen, die zu einer erfolgreichen Umsetzung der Geometrie des Referenzprofils durch die Matrizenoptimierung geführt haben, wird diese Profilgeometrie für die weiteren Untersuchungen nicht mehr variiert, um den Untersuchungsrahmen zu begrenzen.

6. Profilkreisdurchmesser

Ausgehend von der Geometrie des Referenzprofils soll der Profilquerschnitt sowohl vergrößert als auch verkleinert werden, indem der Profilkreisdurchmesser d_u variiert wird. In den experimentellen Voruntersuchungen wurde gezeigt, dass ein Großteil des Werkstoffes aus der Mitte durch die Matrize nicht umgelenkt werden konnte. Durch eine Skalierung kann der Profilquerschnitt und somit das Werkstoffvolumen in der Umformzone variiert und daher überprüft werden, ob sich der sich beeinflussende Werkstoffanteil und damit der Steigungswinkel ändert. Diese Untersuchungen werden sowohl numerisch analysiert als auch experimentell validiert.

7. Länge der Führungsfläche

Da eine Änderung der Führungsflächenlänge zwangsläufig die Fertigung eines neuen Werkzeuges erfordert, wird der Einfluss zunächst numerisch untersucht und je nach Tendenzen ggf. experimentell validiert. Dabei werden insgesamt drei Führungsflächenlängen numerisch analysiert.

8. Vorkammergeometrie

Analog zur Führungsflächenlänge wird der Einfluss zunächst numerisch untersucht. Hierbei wird überprüft, ob eine Vorverdrehung des Werkstoffflusses in der Vorkammer zur erwünschten Erhöhung des Steigungswinkels führt. Des Weiteren wird auch eine Variante ohne Vorkammer analysiert, um deren Einfluss auf die Steigung herauszufinden.

9. Steigungswinkel in der Matrize

Es wurden im Rahmen der Voruntersuchungen drei Steigungswinkel untersucht: 90, 120 und 400°/100 mm. Aus fertigungstechnischer Sicht stellt der Winkel von 400°/100 mm ein Maximum dar, da sonst einige Bereiche nicht zugänglich sind für die Zerpanwerkzeuge. Dieser Steigungswinkel soll für die folgenden Untersuchungen konstant gehalten werden.

Tabelle 6-2: Zusammenfassung des Versuchsplans

	Einflussfaktor	Anzahl der untersuchten Parameter
Werkstoffparameter	Werkstoff	EN AW-6060
Prozessparameter	Temperatur	3
	Geschwindigkeit	3
Geometrische Parameter	Pressverhältnis	3
	Profilgeometrie	Referenzprofil P1
	Profilkreisdurchmesser	3
	Länge der Führungsfläche	3
	Vorkammergeometrie	3
	Steigungswinkel in der Matrize	1

6.3.1 Numerische Analyse der signifikanten Einflussfaktoren

Für die numerische Analyse wurde zunächst ein Simulationsmodell aufgebaut, das zeiteffektiv rechnet, ohne dabei die Ergebnisqualität erheblich zu beeinflussen. Die Elementzahl sowie die thermomechanisch gekoppelte Berechnung beeinflussen die Rechendauer. Die Simulation des Strangpressprozesses kann je nach Bauteilkomplexität bis zu mehreren Wochen dauern. Für die durchzuführenden Untersuchungen wird folgende Strategie verfolgt, um die Rechendauer zu verringern:

- Aufbau eines verkleinerten Referenzmodells. Dabei wird die neu gestaltete Matrize als Referenz verwendet und um ca. 66% verkleinert. Dadurch kann ein kleiner Block eingesetzt und die Gesamtelementzahl reduziert werden. Die Simulationen der skalierten Matrize werden ebenfalls experimentell an der 2,5-MN-Strangpresse validiert, um gesicherte Aussagen treffen zu können.
- Isotherme Simulation: Die Temperaturentwicklung im Prozess wird vernachlässigt. Es werden nur die Deformationen berechnet und die Blockausgangstemperatur variiert.

Für die Verfahrensanalyse wurde das FEM-Programm DEFORM 3D eingesetzt, das mit der Langrange-Formulierung rechnet und somit die Matrizenfüllung abbilden kann. Um den Einfluss der Elementzahl auf die Ergebnisqualität zu untersuchen, wurden zunächst beim ansonsten gleichen Modell Simulationen mit zwei verschiedenen Elementzahlen durchgeführt, mit 75.000 Elementen und mit 130.000 Elementen. Der errechnete Steigungswinkel am Profil betrug im Modell mit 75.000 Elementen 181°/100 mm und beim Modell mit 130.000 Elementen 175°/100 mm. Die Winkeldifferenz von 6°/100 mm zwischen beiden Modellen hängt damit zusammen, dass durch das feinere Netz mehr Kontaktfläche zwischen Werkstück und Matrize vorhanden ist und somit ein größerer Reibanteil gegen die Steigung wirkt. In Bezug auf den erzielten Steigungswinkel von 175°/100 mm beträgt die Winkeländerung weniger als 3% des erzielten Steigungswinkels, was als gering bezeichnet wird. Deshalb wird bei der Auswertung des Steigungswinkels von einem Streuungsbereich von 3% ausgegangen. Somit kann die Elementzahl für die Verfahrensanalyse reduziert werden, um die Rechenzeit zu verkürzen.

Für die numerische Verfahrensanalyse wurde das gepresste Werkstück im FE-Programm zunächst in ein Flächenmodell STL konvertiert und in ein CAD-Programm geladen. Anschließend wurde die Profilkontur an drei Schnittflächen mit einem konstanten Abstand von jeweils 10 mm geschnitten. Die drei Querschnittskonturen wurden aufeinandergelegt und die Steigung an drei verschiedenen Punkten auf dem gleichen Radius gemessen. Im Anschluss wurde daraus ein Mittelwert gebildet (**Bild 6-12**). Hierbei wurde die Steigung bezogen auf den Abstand von 10 mm ausgewertet und dann auf die Referenzlänge von 100 mm berechnet.

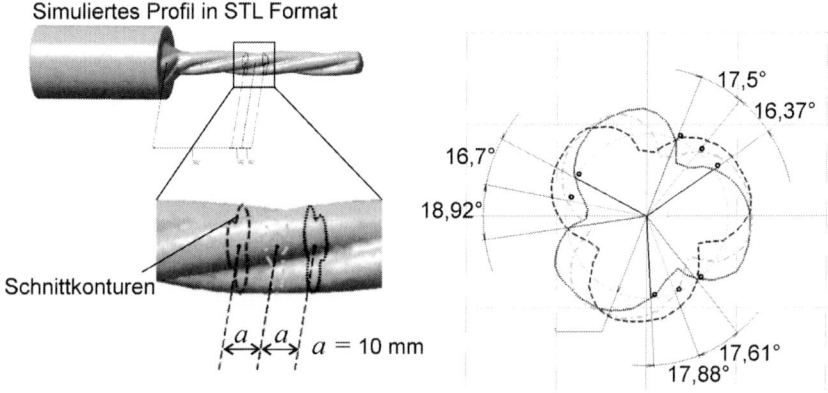

Bild 6-12: Vorgehensweise bei der Auswertung des Steigungswinkels

Die Konturgenauigkeit hingegen wurde im Rahmen dieser Untersuchungsreihe nicht mehr betrachtet, da sie zum einen von der Feinheit des FE-Netzes stark abhängt, und zum anderen konnte sie bei den Voruntersuchungen und der Neugestaltung der Matrizengeometrie bereits optimiert werden. Im Folgenden werden die Ergebnisse der numerischen Verfahrensanalyse vorgestellt, die den Einfluss der untersuchten Parameter auf den Steigungswinkel darstellen.

Einfluss der Pressgeschwindigkeit auf den Steigungswinkel

Um den Einfluss der Pressgeschwindigkeit auf den Steigungswinkel zu analysieren, wurden Simulationen mit einer Stempelgeschwindigkeit von 0,1; 2 und 5 mm/s durchgeführt. Der Einfluss der Geschwindigkeit auf den Steigungswinkel ist in **Bild 6-13** dargestellt. Sehr auffällig an diesen Ergebnissen ist zunächst der sehr hohe Steigungswinkel von über 170°/100 mm. Im Vergleich zu dem mit dem großen Referenzwerkzeug erzielten Steigungswinkel von 31°/100 mm hat sich der Steigungswinkel alleine aufgrund der Skalierung der Werkzeuggeometrie mehr als um das Fünffache vergrößert. Dieser Steigungswinkel konnte experimentell nachgewiesen werden (siehe nächster Abschnitt Validierung und Diskussion). Auf die detaillierte Analyse des Einflusses der Geometrieskalierung wird in den folgenden Abschnitten eingegangen.

Zwischen der Stempelgeschwindigkeit von 2 mm/s und der der Pressgeschwindigkeit von 5 mm/s sind 11°/100 mm Unterschied zu verzeichnen, während der kleinste Unterschied von 4°/100 mm im Vergleich zwischen der niedrigsten Geschwindigkeit von 0,1 mm/s und der maximalen Geschwindigkeit von 5 mm/s zu finden ist. Im Vergleich zu den absoluten Werten von über 176°/100 mm beträgt der Unterschied weniger als 8%, was auf die Streuung der Ergebnisse zurückgeführt werden kann. Daraus kann abgeleitet werden, dass die Stempelgeschwindigkeit und somit die Umformgeschwindigkeit keinen wesentlichen Einfluss auf den Steigungswinkel hat.

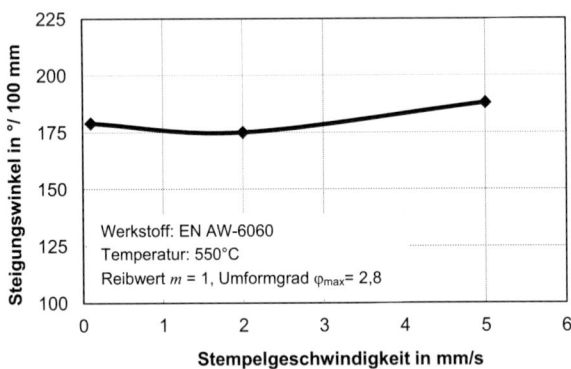

Bild 6-13: Einfluss der Stempelgeschwindigkeit auf den Steigungswinkel

Einfluss des Pressverhältnisses

Zur Analyse des Einflusses des Pressverhältnisses auf den Steigungswinkel wurde der Blockdurchmesser D_B auf 70% reduziert sowie auf 130% erhöht. In **Bild 6-14** sind die Ergebnisse dargestellt, wobei auf der horizontalen Achse das Verhältnis zwischen Blockdurchmesser und Referenzdurchmesser betrachtet wird. Dabei stellt der Wert 1 die Referenzgeometrie dar. Die Differenz des Steigungswinkels beträgt maximal 4°/ 100 mm und somit weniger als 5% des absoluten Winkels.

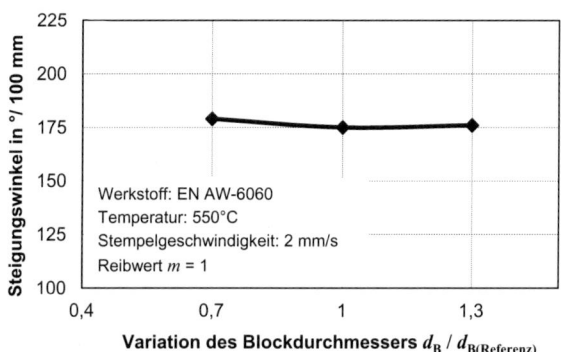

Bild 6-14: Einfluss des Pressverhältnisses auf den Steigungswinkel

Da eine Änderung des Pressverhältnisses bei gleichbleibender Stempelgeschwindigkeit zwangsläufig zur Änderung der Profilaustrittsgeschwindigkeit führt, ist der geringe Einfluss der Geschwindigkeit hier ebenfalls veranschaulicht. Als Zwischenfazit kann daraus interpretiert werden, dass das Pressverhältnis sowie die Umformgeschwindigkeit einen geringen Einfluss auf die Verdrehung haben. Vielmehr ist der Einfluss der geometrischen Zusammenhänge zwischen dem Profilquerschnitt und der Matrizengestaltung als wesentlich einzustufen. Diese Aussage kann anhand der Untersuchung des Skalierungseffekts gestärkt werden.

Einfluss des Profilkreisdurchmessers

Der Einfluss der Profilgeometrie, insbesondere der Querschnittsfläche auf den Steigungswinkel, wurde in den vorigen Untersuchungen bereits mittelbar gezeigt, jedoch nicht hervorgehoben, indem die Simulation des skalierten Referenzwerkzeuges (auch kleines Referenzwerkzeug bezeichnet) bereits einen wesentlich höheren Steigungswinkel ergeben hat als bei der Ursprungsgeometrie. Um diesen Einfluss weiter zu spezifizieren, sind ausgehend vom kleinen Referenzwerkzeug zwei weitere skalierte

Geometrien untersucht worden. Dabei wurde der Profilkreisdurchmesser d_u auf 70% und auf 130%, bezogen auf den Referenzdurchmesser, runter- bzw. hochskaliert. Die Ergebnisse der Untersuchung sind in **Bild 6-15** dargestellt. Hier zeigt sich ein wesentlicher Einfluss des Profilkreisdurchmessers auf den Steigungswinkel. Mit kleiner werdendem Profilkreisdurchmesser nimmt der Steigungswinkel deutlich zu. Dabei stellt sich der Zusammenhang zwischen dem Profilkreisdurchmesser und dem Steigungswinkel annähernd linear dar. Wie bei den Voruntersuchungen bereits beobachtet, führt eine Verkleinerung der Querschnittsgeometrie zwangsläufig zur einer Verkleinerung des fließenden Werkstoffvolumens in der Matrize und durch die in der Matrize vorgegebene Steigung wird dieses Volumen besser verdreht.

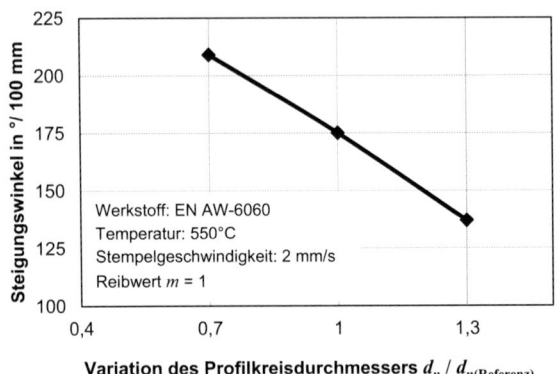

Bild 6-15: Einfluss des Oberflächen-Volumen-Verhältnisses auf den Steigungswinkel

Einfluss der Länge der Führungsfläche

Eine Änderung der Führungsflächenlänge in der Matrize kann konstruktiv nicht ohne Modifikation der Gesamtgeometrie durchgeführt werden. Durch die Änderung der Länge der Führungsfläche ändern sich zwangsläufig die Einlaufkontur der Matrize und somit auch die Vorkammergeometrie. Aus diesem Grund können die Ergebnisse nicht klar getrennt separat auf die Führungsflächenlänge zurückgeführt werden (**Bild 6-16**).

Wird der Verlauf des Steigungswinkels über die Führungsflächenlänge betrachtet (**Bild6-17**), kann zunächst festgestellt werden, dass eine kurze Führungsflächenlänge (im Fall das 0,7-Fache der Ausgangslänge) im Vergleich zum Referenzwerkzeug zu einer Steigerung des Steigungswinkels um 20°/100 mm führt. Diese Tendenz bestätigt sich im weiteren Verlauf nicht, da hier ein Unterschied des Steigungswinkels um 1°/100 mm zwischen der Referenzlänge der Führungsfläche und des 1,3-Fachen dieser Länge zu verzeichnen ist.

Internes Tordieren beim Strangpressen 93

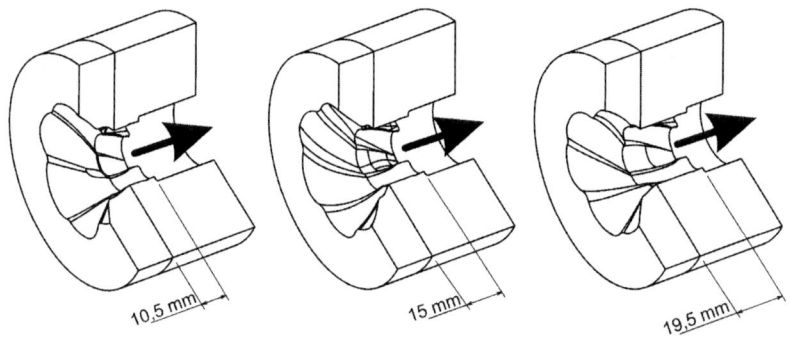

Führungsflächenlänge 70% Referenzwerkzeug Führungsflächenlänge 130%
Führungsflächenlänge 100%

Bild 6-16: Änderung der Führungsflächenlänge und der Einlaufgeometrie

Physikalisch sollte eher eine längere Führungsfläche zu einer Steigerung des Steigungswinkels führen, weil sich die Fläche, die zur Umlenkung des Werkstoffflusses führt, vergrößert. Allerdings würde die Reibung in dem Bereich ebenfalls steigen, was wiederum gegenläufig zur Verringerung des Steigungswinkels führen würde. Daher stellt die Führungsflächenlänge keinen wesentlichen Einflussfaktor auf den Steigungswinkel dar. Die Bestätigung dafür wird in Abschnitt 6.3.2.2 erläutert.

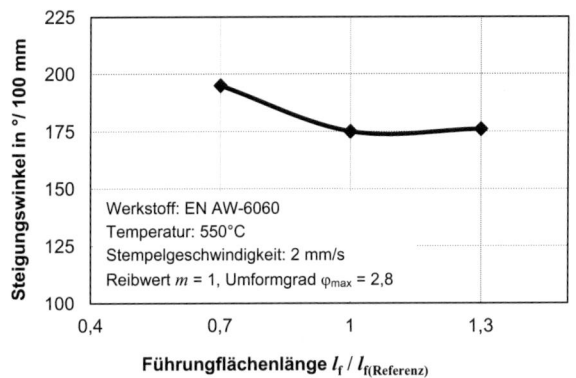

Bild 6-17: Einfluss der Führungsflächenlänge auf den Steigungswinkel

Einfluss der Temperatur

Im Rahmen der Prozessanalyse wurde der Einfluss der drei Blockeinsatztemperaturen 400, 450 und 500 °C auf den Prozess numerisch analysiert. Die Änderung der Eingangstemperatur könnte auch als Änderung der Fließspannung und somit der Legierung betrachtet werden. Zu bedenken hierbei ist jedoch, dass eine Übertragbarkeit auf andere Werkstoffe nur bedingt zulässig ist, da deren Verhalten (Verfestigung, Bruchdehnung...) grundsätzlich unterschiedlich ist. Deshalb liegt eine Übertragung der Ergebnisse eher auf andere Werkstofflegierungen der üblichen 6000er- Gruppe wie EN AW-6082 nahe, dessen Verhalten nicht sehr stark von dem des EN AW-6060 abweicht. In **Bild 6-18** ist der Einfluss der Temperatur dargestellt. Es ist eine abnehmende Tendenz des Steigungswinkels um insgesamt 10°/100 mm bei einer Steigerung der Temperatur von 400 °C auf 450 °C zu beobachten. Der Steigungswinkelvergleich zwischen den Temperaturen 450 °C und 500 °C zeigt dagegen keinen wesentlichen Einfluss der Temperatur auf. Es kann daraus geschlossen werden, dass die Temperatur keinen wesentlichen Einfluss auf den Steigungswinkel hat. Dabei muss angemerkt werden, dass bei den Simulationen ein konstanter Reibwert verwendet wurde, und nicht als Funktion der Temperatur. Der Einfluss einer möglichen temperaturabhängigen Änderung der Reibung soll experimentell überprüft werden.

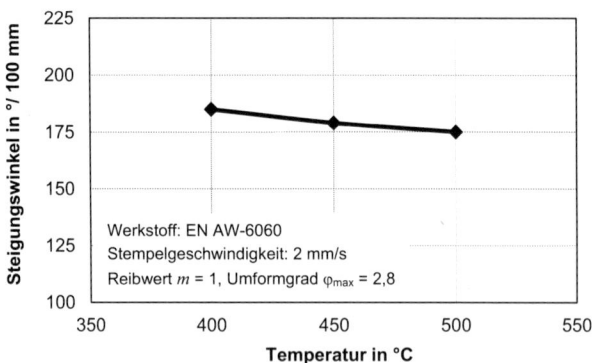

Bild 6-18: Einfluss der Temperatur auf den Steigungswinkel

Einfluss der Vorkammergeometrie

Die im kleinen Referenzwerkzeug vorhandene Vorkammer hat einen spiralförmigen konischen Einlauf, da erwartet wird, dass der Steigungswinkel durch eine zusätzliche Umlenkung des Werkstoffflusses in der Vorkammer gesteigert werden kann. Um den Einfluss der Vorkammer detailliert zu analysieren, wurden zwei weitere Matrizengeometrien untersucht, eine Matrize mit einer Vorkammer mit konischem, aber nicht spiralförmigem Einlauf (in **Bild 6-19** als Matrize 1 bezeichnet), sowie eine Matrize gänzlich ohne Vorkammer (in **Bild 6-19** als Matrize 2 bezeichnet).

Internes Tordieren beim Strangpressen 95

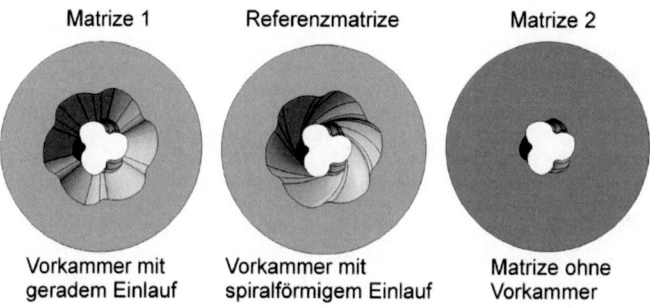

Bild 6-19: Variation der Vorkammergeometrie

Die Ergebnisse zeigen einen geringen Einfluss der Vorkammergeometrie auf den Steigungswinkel (Unterschied von 5°/100 mm) bei den verschiedenen Matrizenausführungen, **Bild 6-20**. Hieraus kann geschlussfolgert werden, dass die Steigung am Profil ausschließlich in der formgebenden Matrize gestaltet wird. Eine Vorverdrehung des Werkstoffes in der Vorkammer bringt keinen weiteren Vorteil in Bezug auf die Erhöhung des Steigungswinkels. Bei der Gestaltung eines Strangpresswerkzeugs für das interne Tordieren beim Strangpressen kann daher auf eine Vorkammer verzichtet werden.

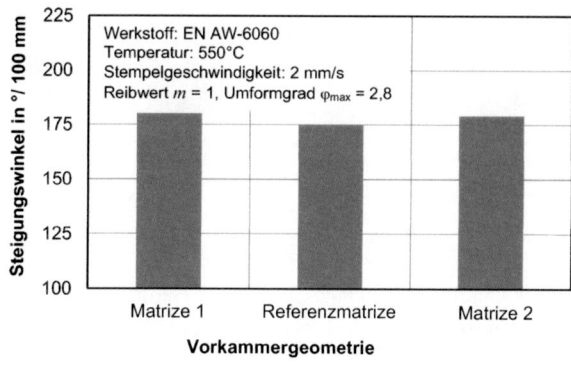

Bild 6-20: Einfluss der Vorkammer auf den Steigungswinkel

Als Zwischenfazit zu der numerischen Verfahrensanalyse ist das Prozessfenster des internen Tordierens beim Strangpressen maßgeblich von der Profilgeometrie, insbesondere dem Durchmesser des Profilkreisdurchmessers, abhängig. Die Umformgeschwindigkeit, das Pressverhältnis, die Temperatur sowie die Führungsflächenlänge haben dagegen keinen signifikanten Einfluss. Weiterhin beeinflusst die Vorkammer den Steigungswinkel nicht. Im nächsten Abschnitt werden die wesentlichen Ergebnisse der numerischen Analyse experimentell verifiziert und anschließend diskutiert.

6.3.2 Validierung und Diskussion der Ergebnisse

6.3.2.1 Experimentelle Validierung

Zur Absicherung der numerisch ermittelten und analysierten Einflussfaktoren auf den Steigungswinkel sollen die wesentlichen Erkenntnisse anhand von experimentellen Untersuchungen nachgewiesen werden. Insbesondere gilt es, die enorme Steigerung des Steigungswinkels mit dem kleinen Referenzwerkzeug von ca. 175°/100 mm experimentell zu verifizieren. Dafür wurde die Geometrie des großen Referenzwerkzeuges in der Ebene senkrecht zur Pressachse um 66% verkleinert, ohne dabei die Länge der Führungsflächen zu ändern (**Bild 6-21**). Dieses kleine Referenzwerkzeug wurde an der 2,5-MN-Strangpresse erprobt. Das Ergebnis der experimentellen Untersuchungen hat einen Steigungswinkel von 168°/100 mm ergeben. Im Vergleich zum numerisch ermittelten Winkel von 175°/100 mm beträgt der Unterschied weniger als 5%. Damit ist die Aussagefähigkeit der durchgeführten Simulationen bestätigt. Weiterhin wird mit diesem Ergebnis der Einfluss der Geometrieskalierung nachgewiesen.

Werkzeug für die
10-MN-Strangpresse

Kleines Werkzeug für
die 2,5-MN-Strangpresse

31° / 100 mm   168° / 100 mm

a) Skalierung der Strangpressmatrize   b) Vergleich des Steigungswinkels

Bild 6-21: Skalierung des Referenzwerkzeuges und gefertigte Profile

Zwei wesentliche Erkenntnisse haben sich aus der Simulation ergeben. Auf der einen Seite beeinflusst die Querschnittsfläche der Profilgeometrie massiv den Steigungswinkel. Andererseits hat das Pressverhältnis keinen wesentlichen Einfluss auf den Steigungswinkel. Nichtsdestotrotz muss zwischen beiden geometrischen Parametern differenziert werden. Um diese Erkenntnisse zu stützen, wurden an der 10-MN-Strangpresse weitere Versuche mit folgenden Parametern durchgeführt:

1. Zwei Pressverhältnisse, durch den Einsatz von zwei Rezipienten mit dem Blockdurchmesser von 145 mm sowie 102 mm
2. Zwei Strangpresswerkzeuge, das Referenzwerkzeug und ein um 50% unterskaliertes Referenzwerkzeug

Damit sind vier Versuchsreihen unter den gleichen Bedingungen (Temperatur, Stempelgeschwindigkeit) durchgeführt worden, um den Einfluss der Geometrieskalierung und des Pressverhältnisses zu separieren und zu spezifizieren. Dabei wurden jeweils drei Aluminiumblöcke pro Versuchsreihe gepresst. Der erste Block diente jeweils zum Erreichen von reproduzierbaren Bedingungen aufgrund der inhomogenen Temperaturverteilung am Pressanfang und wurde daher nicht ausgewertet. Die Ergebnisse der experimentellen Untersuchungen sind in **Bild 6-22** dargestellt. Die gemessenen Werte stellen einen Mittelwert aus der Messung von jeweils zwei Proben pro gepressten Block dar.

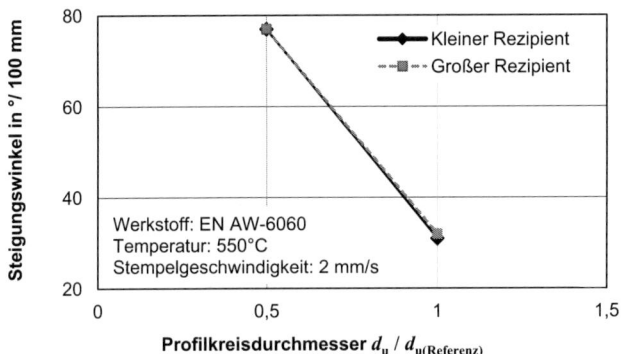

Bild 6-22: Experimentelle Verifikation des Einflusses des Pressverhältnisses sowie der Geometrieskalierung

Der Betrag des Steigungswinkels bei einzelnen Messungen pro Versuchsreihe schwankt um ca. 1°/100 mm, was die Reproduzierbarkeit der Versuche aufzeigt. Der erzielte Steigungswinkel mit dem Referenzwerkzeug beträgt mit dem kleinen Rezipienten 31°/100 mm und mit dem großen Rezipienten 32°/100 mm. Das gleiche Verhältnis wird auch mit dem skalierten Referenzwerkzeug gemessen, also 1°/100 mm zwischen dem Einsatz des großen und des kleinen Rezipienten. Damit wird die Aussage bekräftigt, dass das Pressverhältnis keinen Einfluss auf den Steigungswinkel hat. Der signifikante Einfluss der Geometrieskalierung wird ebenfalls bestätigt. Die Zusammenhänge zwischen der Profilgeometrie und dem Steigungswinkel werden im folgenden Abschnitt abgeleitet und diskutiert.

6.3.2.2 Diskussion der erzielten Ergebnisse

Die grundlegende Verfahrensanalyse des internen Tordierens beim Strangpressen hat ergeben, dass das Oberflächen-Volumen-Verhältnis (OV) in der Umformzone neben der Reibung der wesentliche Einflussparameter auf den Steigungswinkel ist. Dabei ist ein annähernd linearer Zusammenhang zwischen dem Steigungswinkel am Profil und dem Profilkreisdurchmesser festzustellen. Weder das Pressverhältnis noch die Führungsflächenlänge haben einen Einfluss auf den Steigungswinkel. Das Oberflächen-Volumen-Verzeichnis (OV) lässt sich mathematisch wie folgt beschreiben:

$$OV = \frac{\pi d_u \cdot l_f}{\pi \frac{d_u^2}{4} \cdot l_f} = \frac{4}{d_u} \tag{6-1}$$

Dabei bezeichnet die Führungsfläche die Oberfläche im Matrizeninneren und der Werkstoff in der Matrize das Volumen (**Bild 6-23**). Es ist ersichtlich, dass die Führungsflächenlänge keinen Einfluss hat, sondern das OV-Verhältnis hängt ausschließlich vom Profilkreisdurchmesser d_u ab. Das bestätigen die Untersuchungsergebnisse zur Änderung des Profilkreisdurchmessers und der Führungsflächenlänge. Mit steigendem Profilkreisdurchmesser nimmt OV ab und somit ebenfalls der Steigungswinkel.

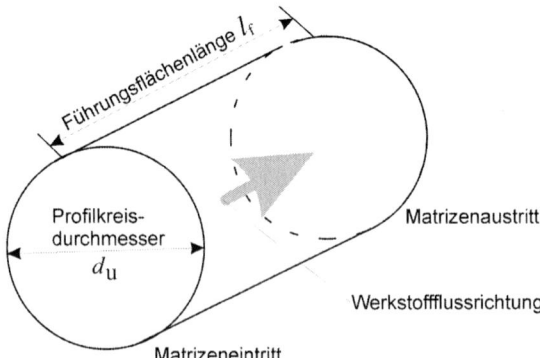

Bild 6-23: Beschreibung des Oberflächen-Volumen-Verhältnisses in der Umformzone

6.4 Fazit zum Kapitel 6

In diesem Kapitel konnte die Eignung des Verfahrens internes Tordieren beim Strangpressen für die Herstellung von schraubenförmigen Profilen am Beispiel des Schraubenrotors erfolgreich nachgewiesen werden. Durch die Entwicklung und Gestaltung einer neuen, speziellen Strangpressmatrize, insbesondere durch die Vermeidung von Unterfüllung und den Ausgleich der Führungsflächenlänge, konnte die Geometrie des austretenden Profils deutlich verbessert werden. Dabei können Endlosprofile mit konstantem Steigungswinkel erzeugt werden. Die grundlegende Verfahrensanalyse hat ergeben, dass das Oberflächen-Volumen-Verhältniss (OV) einen signifikanten Einfluss auf den zu erzielenden Steigungswinkel hat, wobei OV von der Führungsflächenlänge unabhängig ist. Ist ein hoher Steigungswinkel das Ziel, muss insbesondere das Werkstoffvolumen in der Umformzone reduziert werden. Das kann durch die Reduzierung des Profilkreisdurchmessers realisiert werden. Ist die Außenkontur des Profils vorgegeben, kann das Volumen durch den Einsatz von Hohlprofilen ebenfalls reduziert werden. Ein Nachweis dafür wird im folgenden Kapitel durch die Erprobung eines Hohlprofils vorgestellt. Einen weiteren Faktor stellt die Reibung in der Matrize dar. Die Reduzierung der Reibung beim Strangpressen bringt viele Vorteile wie die Erhöhung der Produktivität mit sich, und in diesem Sonderfall trägt sie zur Erhöhung des Steigungswinkels bei. Ein Beitrag zum Einsatz von Beschichtungen in Strangpresswerkzeugen wird ebenfalls im **Kapitel 7** vorgestellt.

7 Erhöhung des Steigungswinkels

Die in den vorherigen Kapiteln vorgestellten Ergebnisse zum externen und internen Tordieren beim Strangpressen zeigen, dass eine wirtschaftliche Herstellung von komplexen schraubenförmigen Profilen mittels des Strangpressens möglich ist. Die Einschränkung des Steigungswinkels beim externen Tordieren beim Strangpressen wird überwiegend durch die Gestaltung des Führungswerkzeuges sowie durch die Reibung zwischen dem Führungswerkzeug und dem austretenden Profil beschränkt. Beim internen Tordieren beim Strangpressen sind es sowohl die Reibung zwischen Matrize und Werkstoff als auch das Oberflächen-Volumen-Verhältnis (OV), die den Steigungswinkel begrenzen. Daraus ergeben sich folgende Ansätze zur Erhöhung des Steigungswinkels:

1. Reduzierung der Reibung zwischen dem Werkstückwerkstoff und den formgebenden Werkzeugen→ Anwendung beim externen sowie internen Tordieren beim Strangpressen
2. Erhöhung des Oberflächen-Volumenverhältnisses
3. Kombination der Umformverfahren

Im folgenden Abschnitt werden diese Ansätze anhand von Studien und Verfahrensanalysen untersucht.

7.1 Reduzierung der Reibung

Wie im Stand der Technik berichtet, beeinflusst die Reibung beim Strangpressen sowohl die Gesamtpresskraft als auch die Bauteileigenschaften. Als Bauteileigenschaft ist hier die inhomogene Mikrostrukturverteilung innerhalb des Profils sowie an der Profiloberfläche zu nennen, die zu Oberflächenfehlern wie Heißrissen und Grobkornbildung führt (Parson et al. 1992). Beim Tordieren beim Strangpressen beeinflusst die Reibung den erzielbaren Steigungswinkel sowie die entstehende Querschnittsgeometrie. Daher sollte die Reibung zwischen dem Führungswerkzeug und dem austretenden Profil sowohl beim externen als auch die Reibung in der Matrize beim internen Tordieren beim Strangpressen reduziert werden, mit dem Ziel, den Steigungswinkel zu erhöhen. Diese Reduktion führt zu einer erheblichen Erhöhung des Steigungswinkels und somit des Wirkungsgrades des Schraubenrotors. In den Kaltumformprozessen werden in der Regel Schmiermittel und Beschichtungen zur Reibungsreduktion eingesetzt. Bei der Warmumformung, insbesondere beim Warmschmieden, wird eine auf Grafit basierende Schmierung verwendet. Allerdings wird der Einsatz dieser Schmiermittel in der Strangpressindustrie vermieden, da diese in den Werkstoff einfließen und somit die Bauteileigenschaften und die Qualität der späteren Profile deutlich verschlechtern können.

In den letzten Jahren gewinnt das Thema Beschichtung von Strangpresswerkzeugen zunehmend an Bedeutung (Janos 1996, McCabe 2000, Maier 2007): Die Werkzeugbauer geben eine niedrigere Profilaustrittstemperatur an, die auf eine Reduzierung der Reibung zurückgeführt wird. Dieses führt zur Erhöhung der Lebensdauer der Werkzeuge sowie zur Steigerung der Produktivität, indem schneller gepresst werden kann. Untersuchungen oder experimentelle Nachweise können in der Literatur jedoch nicht gefunden werden. In einigen Veröffentlichungen werden die Beschichtungstypen und –technologien beschrieben, systematische Untersuchungen des Einflusses und ein Vergleich zwischen den einzelnen Beschichtungssystemen im Strangpressprozess wurden allerdings nicht veröffentlicht. Im Bereich des Warmschmiedens sind einige Untersuchungen von Schmierungs- und Beschichtungssystemen durchgeführt worden, die allerdings auf das Warmstrangpressen aufgrund der hohen hydrostatischen Spannungen nicht übertragen werden können. Des Weiteren wird die Analyse von Beschichtungen oder Schmierungen in der Regel mithilfe von einfachen Prüfverfahren wie dem Pin-on-Disc-Test oder durch den Ringstauchversuch, welche die Bedingungen eines komplexen Prozesses wie des Strangpressens nicht annähernd wiederspiegeln können (Wang et al. 2009, Barcelloni et al. 1996). Eine Ausnahme stellt das Strangpressen von Stahlwerkstoffen dar. Bei diesem Prozess werden Stahlblöcke mit einem Glaspulver beschichtet. Da Stahl bei Temperaturen bis zu 1100 °C gepresst wird, reicht diese Temperatur aus, um das Glas im Prozess zu schmelzen, damit es reibungsmindert agiert. Die Matrizen werden beim Stahlstrangpressen nicht aufgeheizt, daher wird der Prozess bei sehr hohen Strangpressgeschwindigkeiten durchgeführt, um den Wärmeverlust zu minimieren. Trotz der Glasschmierung wird eine eingesetzte Matrize in der Regel nur für einen Stahlblock verwendet, anschließend muss sie ersetzt werden.

Um einen Beitrag zur Reduzierung der Reibung beim Strangpressen mithilfe von Beschichtungen in Strangpresswerkzeugen zu leisten, wird im Rahmen dieser Arbeit die Eignung von zwei Beschichtungen, PVD und CVD, im Einsatz in Strangpresswerkzeugen untersucht (Antonaci 2009).

7.1.1 Versuchsdurchführung

Da sowohl die Beschichtungen als auch die Strangpresswerkzeuge, insbesondere die Rezipienten, sehr kostenintensiv sind, wurde für diese Studie ein Referenzversuchsstand zum Strangpressen im Kleinmaßstab aufgebaut. Die entwickelte Vorrichtung (**Bild 7-1**) wurde in einer konventionellen Zugprüfmaschine der Firma ZWICK250 mit einer maximalen Druckkraft von 250 kN eingebaut. Es wurden insgesamt drei Werkzeugsätze hergestellt. Ein Werkzeugsatz ist ohne Beschichtung, ein zweiter ist mit einer TiN-Beschichtung versehen worden, die durch das PVD-Verfahren aufgebracht wurde, und der dritte Satz wurde mit einer TiC-TiN-Al_2O_3-Schicht durch das CVD-

Erhöhung des Steigungswinkels 103

Verfahren versehen. Die Beschichtungen wurden in allen inneren Flächen des Rezipienten und der Matrize aufgebracht, um deren Einfluss auf den Prozess zu untersuchen.

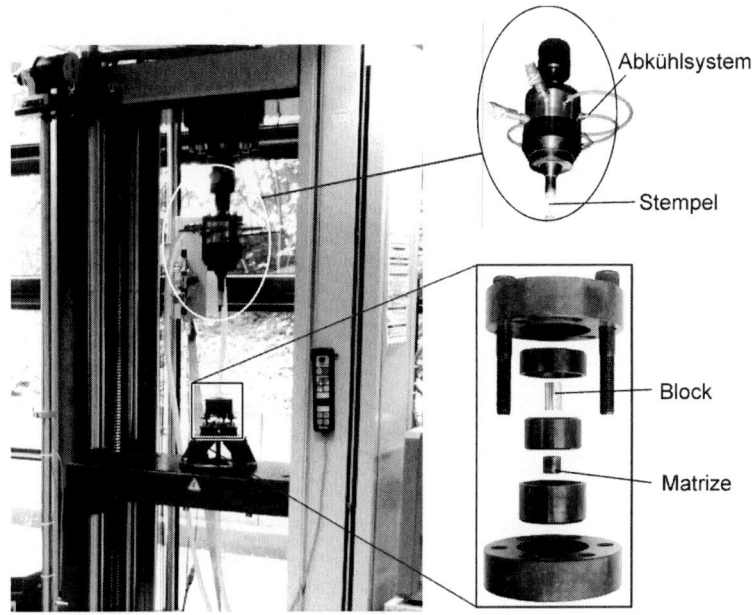

Bild 7-1: Aufbau des Strangpressversuchstandes für die Analyse der Beschichtung

Des Weiteren wurden ein Aufheizsystem sowie Thermoelemente in die Vorrichtung integriert, um eine homogene Temperaturverteilung zu gewährleisten. Die Experimente wurden mit einer EN AW-6082 Legierung durgeführt. Dabei beträgt der Blockdurchmesser 19 mm und die Blocklänge 25 mm. Weiterhin wurden drei verschiedene Matrizengrößen für Rundprofile mit 4, 6 und 8 mm Durchmesser konstruiert. Dadurch ist es möglich, die üblichen hohen Pressverhältnisse beim Strangpressen abzubilden und den Einfluss des Umformgrades zu untersuchen. Die Temperatur sowie die Geschwindigkeit wurden im Rahmen dieser Analyse konstant gehalten. Die Parametervariation ist in **Tabelle 7-1** zusammengefasst.

Tabelle 7-1: Parametervariation für die Analyse der beschichteten Strangpresswerkzeuge

Blocktemperatur	520 °C
Blockwerkstoff	EN AW-6082
Blockdurchmesser	19 mm
Profildurchmesser	4, 6, 8 mm
Stempelgeschwindigkeit	5 mm/s

Die Blöcke wurden für visioplastische Untersuchungen präpariert, indem Stifte aus der Legierung EN AW-5754 quer zur Pressrichtung eingebettet wurden. Nach den Pressungen wurden die Profile sowie die Pressreste aufgeteilt, geätzt, poliert und anschließend wurde der Werkstofffluss digitalisiert (**Bild 7-2**). Zur Auswertung der Reibung wird neben der Analyse der Stempelkräfte ein Faktor R definiert, der das Verhältnis zwischen dem Abstand des Stiftes zur Matrizenwand vor und nach der Umformung beschreibt. Der R-Faktor kann theoretisch einen Wert zwischen 0 und 1 betragen, wobei 1 ei Werkstoffhaftung an der Werkzeugoberfläche und 0 eine ideale Schmierung ohne Reibung bedeutet.

$$R = \frac{x_f}{x_i} \qquad (7\text{-}1)$$

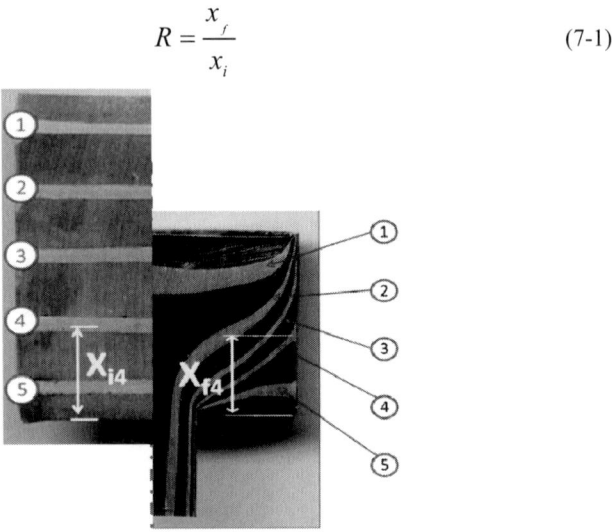

Bild 7-2: Definition des R-Faktors zur Beschreibung der Reibung

7.1.2 Versuchsergebnisse

Um die Eignung der Beschichtung zur Reibungsreduktion analysieren zu können, sind die Kraftverläufe sowie der Verlauf des R-Faktors bei Variation der Untersuchungsparameter auszuwerten. Die Kraftverläufe für die verschiedenen Profildurchmesser zeigen ein ähnliches Kraftniveau bei den beschichteten und unbeschichteten Werkzeugen, vgl. **Bild 7-3**. Beim ersten Block konnte eine geringfügige Senkung der Kraft bei den beschichteten Werkzeugen gemessen werden. Anschließend hat sich eine dünne Aluminiumschicht an der Oberfläche gebildet, was die Funktion der Beschichtung nahezu unbrauchbar machte. Da es sich beim Strangpressen um ein Verfahren zur Massenfertigung handelt, ist erst eine dauerhafte Reduzierung der Reibung nützlich. Anhand der

Kraftverläufe wird angedeutet, dass die eingesetzten Beschichtungen zu keiner deutlichen Reduktion der Reibkraft und somit der Presskraft führen konnten. Wird der Mittelwert über alle Kraftverläufe gebildet, liegt die gemessene Kraft bei allen drei Versuchsreihen auf einem ähnlichen Niveau. Auch der Umformgrad zeigt keinen wesentlichen Einfluss auf die Reibungsreduktion.

Um den Einfluss der Beschichtung zu quantifizieren, wurde der R-Faktor für die Versuche ermittelt. Bei den beschichteten Werkzeugen sind die Kurvenverläufe des R-Faktors für die Stifte 1 und 2 nahezu identisch (Position der Stifte im präparierten Block **Bild 7-2**), während sie sich bei den letzten drei Stiften unterscheiden (Anhang, **Bild A-4**). Die größten Differenzen der R-Faktoren werden zwischen den Stiften 3 und 4 gemessen, die für die Reibungsmessung relevant sind. Bei den unbeschichteten Werkzeugen zeigen sich hohe R-Werte zwischen 0,9-0,95 bei Stift 4, während die Werte bei den mit PVD beschichteten Werkzeugen zwischen 0,92 und 1 variieren. Bei der CVD Beschichtung ist der R-Wert mit 0,85-0,95 zwar gemittelt am geringsten, allerdings ist der Unterschied gering und kann auf die statistische Streuung zurückgeführt werden. Werden die Ergebnisse des Profildurchmessers 4 mm (**Tabelle 7-2**) mit denen der anderen Profildurchmesser von 6 und 8 mm verglichen, ist die gleiche Tendenz zu erkennen.

Tabelle 7-2: Auswertung des R-Faktors für verschiedene Beschichtungen und Profildurchmesser

Profildurchmesser	Ohne Beschichtung	PVD	CVD
4 mm	0.9-0.95	0.91-0.97	0.85-0.95
6 mm	0.92-0.97	0.95-0.97	0.85-0.91
8 mm	0.87-0.97	0.95-0.97	0.9-0.93

Als Fazit kann festgehalten werden, dass konventionelle Beschichtungen für den Einsatz im Strangpressprozess nicht ausgereift sind. Sowohl der Temperaturbereich um 500 °C als auch die Eigenschaft des Aluminiums, das zum Verkleben neigt, erfordert die Entwicklung von neuen Beschichtungen, um die Reibung reduzieren zu können.

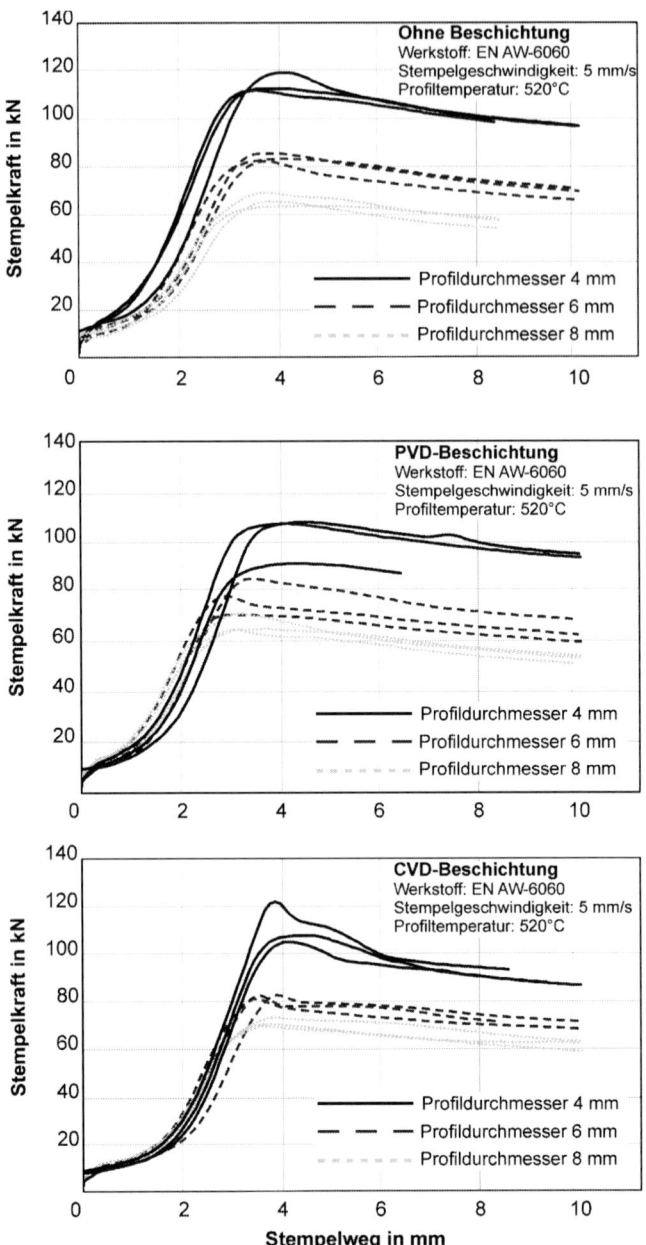

Bild 7-3: Verläufe der Stempelkraft beim Einsatz von beschichteten Werkzeugen für verschiedene Profildurchmesser

7.2 Strangpressen von Hohlprofilen

Im Kapitel 6 wurde nachgewiesen, dass das Oberflächen-Volumen-Verhältnis einen wesentlichen Einfluss auf den erzielbaren Steigungswinkel hat. Der Steigungswinkel nimmt bei Vergrößerung des OV-Verhältnisses zu. Dieses OV-Verhältnis wiederum kann durch Verkleinerung des Profilkreisdurchmessers vergrößert werden (Gleichung 6-1, **Kapitel 6**). Allerdings bedeutet dies eine Änderung der Profilaußenkontur, was in der Anwendung nicht immer möglich bzw. sinnvoll ist. Im Fall der Schraubenrotoren führt eine Verkleinerung des Kopfkreisdurchmessers entweder zur Verkleinerung des Gesamtwirkungsgrades der Schraubenmaschine oder bei gleichbleibendem Wirkungsgrad zur Vergrößerung der Gesamtlänge, was den Gesamtbauraum dementsprechend vergrößert. Steht die Profilgeometrie fest, kann eine Reduzierung des OV-Verhältnisses durch Verringerung des Werkstoffvolumens in der Umformzone realisiert werden, indem Profile mit Hohlquerschnitten eingesetzt werden. Betrachtet man ein kreisförmiges Hohlprofil mit dem Außendurchmesser d_u und Innendurchmesser d_i, lässt sich das OV-Verhältnis wie folgt berechnen:

$$OV = \frac{\pi d_u \cdot l_f}{\pi \frac{(d_u^2 - d_i^2)}{4} \cdot l_f} = \frac{4 d_u}{d_u^2 - d_i^2} \qquad (7\text{-}1)$$

Ist der Außendurchmesser konstant, kann festgestellt werden, dass das OV-Verhältnis mit zunehmendem Innendurchmesser zunimmt, und somit steigt der Steigungswinkel.

Im Rahmen dieser Arbeit wurde eine neue Strangpressmatrize, basierend auf dem Referenzwerkzeug ausgelegt und experimentell erprobt. Dabei wurde die Vorkammer durch ein zweiteiliges Brückenwerkzeug ersetzt, um einen Dorn in den Werkzeugeinlauf zu integrieren (**Bild 7-4**).

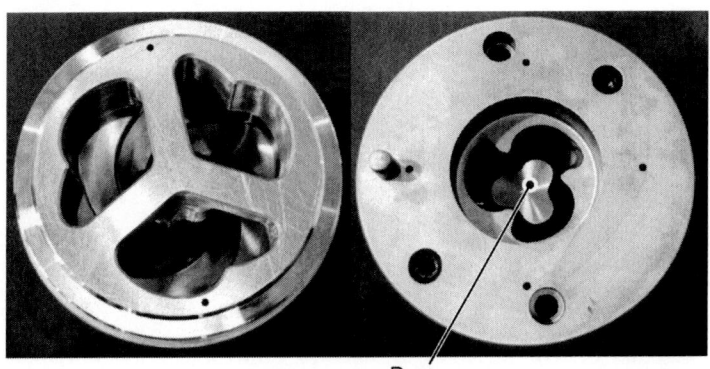

Bild 7-4: Einsatz von Kammerwerkzeugen zur Herstellung von hohlen Schraubenrotoren

Der Werkstoff wird zunächst in drei Stränge geteilt, die anschließend in der Schweißkammer zusammenfließen und als Hohlprofil mit einer Kammer austreten. Durch die Variation der Dornlänge kann der Querschnitt der Innenkammer des Profils variiert werden. Ein kurzer Dorn führt dazu, dass sich der Werkstoff vollständig in der Schweißkammer verschweißt, während ein Dorn, der bis in die Führungsfläche hineinragt, zur Herstellung von Hohlprofilen führt. Im Rahmen dieser Arbeit wurde die Dornlänge um 25 mm so variiert, dass sowohl ein Vollprofil als auch ein Hohlprofil erzeugt werden kann Das Ziel dieser Variation ist, den Einfluss des OV-Verhältnisses kurz vor Eintritt in den Presskanal mit den Führungsflächen zu untersuchen. Die Experimente hierfür wurden ebenfalls an der 10MN-Strangpresse unter den gleichen Randbedingungen durchgeführt wie in den vorigen Untersuchungen.

Als Ergebnis dieser Untersuchungen konnte ein Vollprofil mit einem Steigungswinkel von ca. 37°/100 mm mit dem kurzen Dorn und ein Hohlprofil mit einem Steigungswinkel von 43°/100 mm mit dem langen Dorn erzeugt werden (**Bild 7-5**). Im Vergleich zum ersten Referenzprofil, bei dem der Steigungswinkel ca. 31°/100 mm beträgt, ist hier eine Erhöhung von knapp 40% zu verzeichnen. Dieses Ergebnis bestätigt ebenfalls den Einfluss des Flächenträgheitsmomentes auf den Steigungswinkel. Ein höherer Steigungswinkel konnte in diesen Versuchen nicht erzeugt werden, da der Dorn in der Matrize den Werkstofffluss aufgrund der Reibung ebenfalls hemmt und entgegen der Verdrehung agiert. Um dies zu verhindern, kann ein spezieller Dorn mit einem verdrehten Verlauf eingesetzt werden, um ggf. den Werkstofffluss zusätzlich zu verdrehen und den Steigungswinkel zu erhöhen.

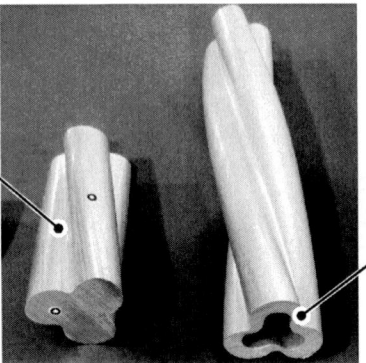

Bild 7-5: Erhöhung des Steigungswinkels durch Einsatz von Hohlprofilen;
a) Vollprofil, b) Hohlprofil

Als Zwischenfazit zur Untersuchung des internen Tordierens beim Strangpressen kann festgehalten werden, dass das Oberflächen-Volumen-Verhältnis mit abnehmendem Profilkreisdurchmesser oder mit abnehmender Profilquerschnittsfläche zunimmt. Das

Erhöhung des Steigungswinkels 109

Volumen steht dabei für die „Kraft", das Profil gerade zu pressen, und die Oberfläche für die Steigung in der Matrize, um das Profil zu verdrehen. Bei den Hohlprofilen nimmt das Oberflächen-Volumen-Verhältnis ebenfalls zu, und somit steigt der Steigungswinkel.

7.3 Verfahrenskombination

Nachdem die Verfahren externes und internes Tordieren beim Strangpressen einzeln untersucht und ihre Grenzen bei der Fertigung von Schraubenrotoren aufgezeigt wurden, kann eine Kombination dieser Verfahren zu einer weiteren Erhöhung des Steigungswinkels führen (**Bild 7-6**). Durch die Verfahrenskombination lässt sich der Werkstofffluss verstärkt sowohl durch die spezielle Matrize als auch durch die Manipulation des Führungswerkzeuges beeinflussen. Dadurch kann der maximal mögliche Steigungswinkel ohne Modifikation der Profilgeometrie erzeugt werden.

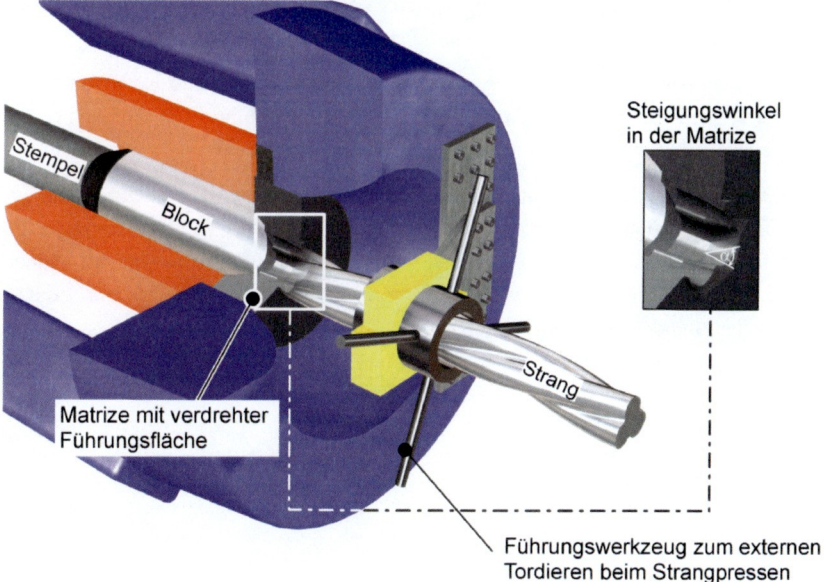

Bild 7-6: Prinzip Verfahrenskombination externes und internes Tordieren beim Strangpressen

Im Rahmen dieser Arbeit wurde die Verfahrenskombination erprobt, indem die im vorigen Abschnitt ausgelegte Strangpressmatrize für Hohlprofile eingesetzt würde. Beim Führungswerkzeug für das externe Tordieren beim Strangpressen wurde wieder eine Führungsscheibe aus Grafit mit einer Wandstärke von 12 mm eingesetzt. Bei den Versuchen konnte ein Steigungswinkel von bis zu 62°/100 mm erzielt und somit eine Erhöhung um ca. 50% verzeichnet werden, im Vergleich zum Steigungswinkel von

43°/100 mm, welcher durch das interne Tordieren beim Strangpressen erzeugt wurde. Die Grafitscheibe ist im weiteren Prozess gebrochen, sodass keine stabile Prozessführung gewährleistet werden konnte. Dieses Ergebnis unterstreicht zum einen das Potenzial der Verfahrenskombination und zum anderen die Notwendigkeit einer Weiterentwicklung der Profilführung beim Strangpressen sowie eine Optimierung des tribologischen Systems.

7.4 Fazit zum Kapitel 7

In diesem Kapitel wurden, basierend auf den durchgeführten Verfahrensuntersuchungen, Ansätze zur Erhöhung des Steigungswinkels beim umzuformenden Profil abgeleitet und untersucht. Dabei wurde zunächst die Eignung von ausgewählten Beschichtungssystemen zur Reduzierung der Reibung analysiert. Die Untersuchung hat gezeigt, dass die Reduzierung der Reibung beim Aluminiumstrangpressen eine Neu- bzw. Weiterentwicklung von Beschichtungssystemen erfordert und nicht durch den Einsatz konventioneller Beschichtungen realisiert werden kann.

Ein weiterer Ansatz zur Erhöhung des Steigungswinkels stellt die Reduzierung des Flächenträgheitsmomentes durch die Herstellung von Hohlprofilen mittels internen Tordierens beim Strangpressen dar.

Zuallerletzt wurde das Potenzial einer Verfahrenskombination der beiden Strangpressvarianten beispielhaft aufgezeigt. Hierbei soll zunächst eine Weiterentwicklung der Profilführung erfolgen, um den Steigungswinkel noch deutlicher erhöhen zu können. Denkbar ist auch ein abschließender Einsatz des Verfahrens Verdrehen zur zusätzlichen Steigerung des Steigungswinkels.

8 Zusammenfassung und Ausblick

Im Rahmen dieser Arbeit konnte gezeigt werden, dass die Umformtechnik zahlreiche alternative Fertigungsmethoden bietet, komplexe schraubenförmige Geometrien herzustellen. Bei den durchgeführten theoretischen Analysen unterschiedlicher Fertigungspfade sowie der Auswertung des Stands der Technik haben sich drei potenzielle Verfahren zur Herstellung von schraubenförmigen Profilen am Beispiel des Schraubenrotors herauskristallisiert. Diese sind das Innenhochdruckumformen zur Herstellung von hohlen dünnwandigen Rotoren, das Verdrehen von geraden stranggepressten Halbzeugen sowie das neu entwickelte Verfahren Tordieren beim Strangpressen mit seinen zwei Verfahrensvarianten; extern mithilfe eines Führungswerkzeuges und intern mit einer vorgesehenen Torsion in der Pressmatrize.

Zunächst wurde eine Machbarkeitsanalyse zur Herstellung von hohlen dünnwandigen Rotoren durch das Innenhochdruckumformen anhand der Finiten-Elemente-Simulation durchgeführt. Dabei wurden insgesamt drei Prozessstrategien an vier ausgewählten Rotorgeometrien mit verschiedenen Steigungswinkeln untersucht, das Aufweiten, das Aufweitstauchen sowie die Prozessfolge Vorformen und anschließendes Aufweiten. Bei allen drei Prozessrouten konnten die Rotorgeometrien bei weitem nicht erzielt werden. Dabei stellte sich die Steigung, die im Werkzeug abgebildet ist, als ein großes Hindernis für den Werkstofffluss dar. Aus diesem Grund wurde dieses Verfahren für die Herstellung von Schraubenrotoren nicht weiter berücksichtigt.

Zur Untersuchung des Verfahrens Verdrehen sind numerische und experimentelle Untersuchungen an ebenfalls vier Geometrien des Haupt- und des Nebenrotors durchgeführt worden. Dafür wurde eine Vorrichtung zum Verdrehen von geraden stranggepressten Profilen entwickelt. Zur Analyse der Eignung des Verfahrens wurden die Konturgenauigkeit sowie der Verlauf des Steigungswinkels als Auswertekriterien definiert. Es hat sich gezeigt, dass die Konturgenauigkeit von der Rotorgeometrie sowie vom Steigungswinkel signifikant abhängig ist. Je flacher die Profilgeometrie und je kleiner der Steigungswinkel, desto kleiner ist dementsprechend die Konturgenauigkeit. Allerdings war ein möglichst hoher Steigungswinkel eine wesentliche Zielsetzung dieser Arbeit, was zwangsläufig zu größeren Konturabweichungen bis zu 3 mm bei einem Steigungswinkel von 150 °/100 mm geführt hat. Bzgl. des Steigungswinkelverlaufes hat sich gezeigt, dass es einen optimalen Steigungswinkel gibt, der von der Geometrie abhängig ist. Hierbei ist die Abweichung des Steigungswinkels am geringsten. Aufgrund des sehr komplexen Spannungszustands ist eine grundlegende numerische Analyse unumgänglich, um den optimalen Steigungswinkel zu ermitteln. Als Fazit bietet das Verdrehen von Profilen durchaus großes Potenzial zur Herstellung von schraubenförmigen Profilen. Allerdings ist bei diesem Verfahren mit einer spanenden Nacharbeit zu rechnen.

Im Rahmen dieser Arbeit wurden darüber hinaus zwei neuartige Verfahrensvarianten des Strangpressens entwickelt und grundlegend untersucht. Für das externe Tordieren beim Strangpressen mittels eines externen Führungswerkzeugs wurde zunächst eine Vorrichtung entwickelt, womit schraubenförmige Profile flexibel hergestellt werden können. Dabei wird der Werkstofffluss des aus einer konventionellen Strangpresse austretenden Profils gezielt durch die Verdrehung des Führungswerkzeuges beeinflusst. In den durchgeführten Untersuchungen konnte nachgewiesen werden, dass es sich beim Tordieren beim Strangpressen nicht um eine dem Strangpressprozess nachgeschaltete Warmtorsion, sondern vielmehr um ein in seinem Werkstofffluss beeinflusstes Strangpressen handelt. Dieser Nachweis wird durch das deutlich geringere Torsionsmoment am Führungswerkzeug im Vergleich zum konventionellen Warmverdrehen bekräftigt. Als wesentliche Verfahrensgrenze zeigte sich die Gestaltung des Führungswerkzeugs in Bezug auf die Geometrie sowie der Wahl des eingesetzten Werkzeugwerkstoffs. Diese bedarf weitergehender Untersuchungen und der Optimierung der Profilführung, um eine stabile Prozessführung zu gewährleisten.

Die zweite Variante des Strangpressens stellt das interne Tordieren beim Strangpressen dar. Zunächst wurde eine neuartige Strangpressmatrize entwickelt, die den Werkstofffluss bereits in der Umformzone umlenkt. Die Matrizengestaltung wurde zunächst anhand umfassender numerischer Analysen des Werkstoffflusses mit dem Ergebnis optimiert, dass der Werkstofffluss gleichmäßiger und die Geometriegenauigkeit deutlich gesteigert werden konnte. Anschließend wurden die Prozess- sowie geometriebedingten Einflussfaktoren in Bezug auf den Steigungswinkel numerisch und experimentell umfassend analysiert. Dabei stellte sich heraus, dass die Reibung in der Strangpressmatrize sowie das Oberflächen-Volumen-Verhältnis OV den Steigungswinkel signifikant beeinflussen. Eine Reduzierung der Reibung oder eine Steigerung des OV-Verhältnisses führen zu einer deutlichen Steigerung des Steigungswinkels. Zur Reduzierung der Reibung wurden im Rahmen dieser Arbeit zwei gängige Beschichtungen, CVD und PVD, analysiert. Dabei wurde festgestellt, dass die Reibung nur kurzzeitig beim Füllen des Werkzeuges reduziert werden konnte, was die Funktion der Beschichtung für eine spätere Anwendung nutzlos machte. Des Weiteren wurde der Profilkreisdurchmesser durch den Einsatz einer Hohlgeometrie variiert, um das OV-Verhältnis zu steigern. Der Steigungswinkel konnte dadurch signifikant gesteigert werden. Bei kleinerer Geometrie konnte ein Steigungswinkel von über 168°/ 100 mm realisiert und dadurch das Potenzial des Verfahrens deutlich nachgewiesen werden. Das Pressverhältnis, die Umformgeschwindigkeit, die Führungsflächenlänge sowie die Vorkammergeometrie zeigten im Rahmen der Untersuchungen dagegen keinen wesentlichen Einfluss auf den Steigungswinkel, was für die Flexibilität und die einfache Handhabung des Verfahrens spricht. Denn dadurch ist die Herstellung von bereits vorgegebenen Geometrien nicht von dem Maß der Strangpresse oder genauer gesagt des Rezipi-

Zusammenfassung und Ausblick 113

enten abhängig. Des Weiteren ist dieses Verfahren aufgrund der nicht begrenzten Strangpressgeschwindigkeit sehr wirtschaftlich.

Als Ausblick zu dieser Arbeit kann der Steigungswinkel von schraubenförmigen Profilen deutlicher gesteigert werden, indem die Verfahren zunächst weiter optimiert werden. Die Reduzierung der Reibung sowie Optimierung des Führungswerkzeuges beim externen Tordieren beim Strangpressen stellen vielversprechende Lösungsansätze dar. Weiterhin können die Verfahren miteinander kombiniert werden, um den Steigungswinkel ohne Verschlechterung der Geometriegenauigkeit zu erhöhen. Ein Ansatz zur Verfahrenskombination wurde im Rahmen dieser Arbeit erprobt und das Potenzial konnte nachgewiesen werden. So kann zum Beispiel der durch das interne Tordieren beim Strangpressen erzeugte Steigungswinkel, der nicht vollständig vorgegeben werden kann, durch das nachgeschaltete externe Tordieren beim Strangpressen kalibriert werden. Mithilfe dieser Strangpressverfahren oder auch der Verfahrenskombination können weiterhin Profile mit einem über die Profillänge variablen Steigungswinkel gefertigt werden, was je nach Einsatzfall zur Steigerung des Wirkungsgrades der Schraubenmaschine führen könnte.

Literatur

Altan T., Ngaile G., Shen G., 2004, Cold And Hot Forging: Fundamentals And Applications, ASM International.

Antonaci R., 2009, Evaluation of friction coefficient with different die coatings for extrusion dies, Master Thesis, TU Dortmund, University of Bologna, Betreuer: Ben Khalifa, Donati.

Arendes D., 1999, Direkte Fertigung gerundeter Aluminiumprofile beim Strangpressen. Dr.-Ing.-Dissertation, Universität Dortmund, Shaker Verlag Aachen.

Barcellona A., Cannizzaro L., Forcellese A. and Gabrielli F., 1996, Validation of Frictional Studies by Double-Cup Extrusion Tests in Cold-Forming CIRP Annals - Manufacturing Technology, Volume 45, Issue 1, S. 211-214.

Bauser M., Sauer G., Siegert K., 2001, Strangpressen, 2. Auflg., Aluminium-Verlag, Düsseldorf.

Becker D., 2009, Strangpressen 3D-gekrümmter Leichtmetallprofile. Dr.-Ing.-Dissertation, TU Dortmund, Shaker Verlag Aachen.

Ben Khalifa N., Hauser J., Tekkaya A. E., Brümmer A., 2010, Neuere Entwicklungen zur Herstellung von Schraubenrotoren mittels innovativer Umformverfahren, VDI-Berichte 2101, S. 55-66.

Ben Khalifa N., Schikorra M., Tekkaya A. E., 2008, Friction analysis in twisted and helical profile extrusion of aluminum alloys, Steel Research International, special issue of the metalforming Conference Krakow 2008, S. 102-107.

Ben Khalifa N., Tekkaya A. E., 2011, Newest Developments on the manufacture of helical profiles by hot extrusion, Journal of Manufacturing Science and Engineering, DOI: 10.1115/1.4005116.

Ben Khalifa N., Tekkaya A. E., Donati L., Tomesani, L., 2009: Extrusion Benchmark 2009 – A Step Ahead in Virtual Process Optimization, in Light Metal Age, April issue, S. 54-55.

Beygelzimer Y., Prilepo D., et al., 2011, Planar Twist Extrusion versus Twist Extrusion", Journal of Materials Processing Technology, 211, S. 522-529.

Beygelzimer Y., Reshetov A.et al., 2009, Kinematics of metal flow during twist extrusion investigated with a new experimental method, Journal of materials processing technology 209, S. 3650–3656.

Choi J., Cho H., 1994, A new extrusion process for helical-gears: experimental study, Journal of Material Processing Technology, 44.

DIN 8587, 2003, Fertigungsverfahren Schubumformen. Einordnung, Unterteilung, Begriffe.

Donati L., Tomesani L., Ben Khalifa N., Tekkaya A. E., 2009, ICEB 2009, Dortmund: International Conference on Extrusion and 3rd Extrusion Benchmark in Light Metal Age, September issue, S. 20-23.

Donati L., Tomesani L., Schikorra, M., Ben Khalifa, N., Tekkaya A. E., 2010, Friction model selection in FEM simulations of aluminium extrusion. In: Int. J. Surface Science and Engineering, Vol. 4, No.1, S. 27-41.

Dudenhöffer F., 2001, Markteinschätzung von Brennstoffzellen-Kraftfahrzeugen. ATZ Automobiltechnische Zeitschrift, 103. Jahrgang, Mai 2001, S. 400-405.

Dürrschnabel W., 1968, Der Werkstofffluss beim Strangpressen von NE-Metallen I, II, III, Metall; 22.

Flitta I, Sheppard T, 2003, Nature of friction in extrusion process and its effect on material flow, Materials Science and Technology 7, Vol. 13, S. 837-846.

Gräber A., 1990, Weiterentwicklung des Torsionsversuches in Theorie und Praxis. Dr.-Ing. -Dissertation, Universität Stuttgart, Springer-Verlag.

Gross D., Schnell W.,1990, Formel- und Aufgabensammlung zur Technischen Mechanik II, Elastostatik, 3. überarbeitete und erweiterte Auflage, Wissenschaftsverlag, Mannheim.

Hauser J., 2010, Geometrische Analyse von Schraubenrotoren für die umformende Fertigung, Dr.-Ing.-Dissertation, Technische Universität Dortmund.

Helpertz M., 2003, Methode zur stochastischen Optimierung von Schraubenrotorprofilen, Dr.-Ing. Dissertation, Universität Dortmund.

Holzmann G., 2002, Technische Mechanik 3, Festigkeitslehre, 8., überarbeitete und ergänzte Auflage, B.G. Teubner Verlag, Stuttgart/Leipzig/Wiesbaden.

Hussain M., 2007, FEM based formability investigation of tube hydroforming process for screw rotor. Master Thesis, TU Dortmund, Betreuer Nooman Ben Khalifa.

Jahnke H., Retzke R., Weber W., 1978, Umformen und Schneiden. 4. Aufl. VEB Verlag Technik, Berlin.

Janoss b. J., 1996, Surface enhancement technology for Metal extrusion Proceedings of 6th Extrusion Technology Seminar, Chicago, USA vol. 2, S. 201-206.

Literatur

Karadogan C., 2005, Advanced Methods in Numerical Modeling of Extrusion Processes, PHD Thesis, Turkey and Switzerland.

Kauder K., Romba M., 1998, Der SCREW-Hybrid Schraubenlader. VDI-Berichte 1391, S. 131-146, VDI-Verlag, Düsseldorf, 1998.

Kauder K., Temming J., 2001, Luftversorgung für Fahrzeugbrennstoffzellen. Schraubenmaschinen Nr. 9, S. 5-14, Universität Dortmund, 2001.

Keppler-Ott T., 2002, Optimierung des Querfließpressens schrägverzahnter Stirnräder, Dr.-Ing. -Dissertation, University Stuttgart, DGM Informationsgesellschaft Verlag.

Khan Y. A., Valberg H, 2011, Studies of Porthole Extrusion through Die with Different Sizes of Portholes, 14th International Conference on Material Forming, ESAFORM 2011, 27.-29.04.2011, Queen`s University, Belfast (UK).

Klaus A., 2001, Steigerung der Fertigungsgenauigkeit und Erhöhung der Prozesssicherheit des Rundens beim Strangpressen. Dr.-Ing. -Dissertation, Universität Dortmund, Shaker Verlag Aachen, 2002.

Kleiner M., 1996, Verfahren und Vorrichtung zur Herstellung von gekrümmten Werkstücken, Europäische Patentschrift, Europäisches Patentamt.

Kloppenborg T., Schikkora M., Schomäcker M., Tekkaya A. E., 2008, Numerical Optimization of Bearing Length In Composite Extrusion Processes, Key Engineering Materials Vol 367, pp. 47-54.

Kondo K., Ohga K., 1995, Precision Cold Die Forging of a Ring Gear by Divided Flow Method, Int. Mach. Tools Manufact. 35 (8), S. 1005-1013.

König W., Fan J. A., Seibert D., 1992, Recent developments in the extrusion of helical gears, Pergamon Press

Koop R, Wiegels H., 1999, Einführung in die Umformtechnik, 2 Auflage, Verlag Mainz.

Lange K., 1974, Lehrbuch der Umformtechnik, Massivumformung, Band 2, Springer-Verlag, Berlin/Heidelberg.

Lange K., 2002, Umformtechnik, Handbuch für Industrie und Wissenschaft. Bd. 1: Grundlagen, Hrsg. K. Lange. Springer-Verlag Berlin, Heidelberg, New York.

Laue K., Stenger H., 1981, Extrusion. American Society for Metals.

Lawrence L., Shepherd M., 2008, Method and Apparatus for Extrusion of Profiled Helical Tubes, Canadian Patent CA 2594034 A1.

Maier J., 2007, CVD Coating Technology for Increased Lifetime of Aluminium Extrusion Dies, Light Metal Age Vol. 65 nr. 5 S. 26-31.

Marciniak Z., Duncan J. L., 1992, The Mechanics of Sheet Metal Forming, Arnold, London, ISBN 0-340-56405-9.

McCabe M. J., 2000, How PVD coatings can increase life and improve performance in aluminum extrusion Proceedings of 7th Extrusion Technology Seminar, Chicago, USA, vol. 2, S. 305-311.

Miles M. P., Fourment L., Chenot J.L., 1995, Finite element calculation of thermal

Müller K., et al., 1995; Grundlagen des Strangpressens, Kontakt und Studium, Band 286, Expert Verlag, Renningen-Malmsheim.

Neubauer, A.; Neumann, H., 1986, Anwendungsfälle und Untersuchungen zum Formänderungs- und Spannungszustand bei Warmtorsion. Fertigungstechnik und Betrieb, Berlin 36, 9.

Nikawa M., Shiraishi M., 2008, Extrusion Process for Production of Tube with Helical Fin, The 9th International Conference on Technology of Plasticity, Korea.

Ostermann F., 1998: Anwendungstechnologie Aluminium. Springer Verlag, Berlin Heidelberg.

Park S. M. et al., 2008, Extru-Spinning Process of Extruded Part with Helical Fins, The 9th International Conference on Technology of Plasticity, Korea.

Park Y. B., Yoon J. H., Yang D. Y., 1994, Finite element analysis of steady state three dimensional helical extrusion of twisted sections using recurrent boundary conditions, Int. J. Mech. Sci., 36(2), S. 137-148.

Parson N. C., Hankin J.D., Bryant A. J., 1992, The Metallurgical Background to Problems Occurring During the Extrusion of 6XXX Alloys Proceedings of 5th Extrusion Technology Seminar, Chicago, USA, vol. 2, S. 13-23.

Pöhlandt K., 1977, Beitrag zur Optimierung der Probengestalt und zur Auswertung des Torsionsversuches. Dr.-Ing.-Dissertation, Stuttgart.

Samanta, K.; Ypsilanti M., 1975, Apparatus and method for cold extrusion of gears, Amerikanisches Patent 3910091.

Schikorra M., 2006, Modellierung und simulationsgestützte Analyse des Verbundstrangpressens, Dr.-Ing.-Dissertation, Dortmund, Shaker Verlag.

Schomäcker M, 2006, Verbundstrangpressen von Aluminiumprofilen mit endlosen metallischen Verstärkungselementen, Dr.-Ing. Dissertation, TU Dortmund, Shaker Verlag Aachen.

Shiraishi M., Ueki K., Sawazak H., 2008, Method and Apparatus For manufacturing Hollow Shaft Member with helical fin and movable die used in them, Japanisches Patent JP 2008105181.

Spinczyk M., 2008, Grundlagenuntersuchungen eines innovativen Strangpressprozesses zur Herstellung von schraubenförmigen Profilen, Diplomarbeit, TU Dortmund, Betreuer N. Ben Khalifa.

Støren S., Daler H., 1994: Case studies in product development: a floodlight for an offshore oil platform. EAA – European Aluminium Association, TALAT Lecture 2102.01.

Szentmihali, V.; Lange, K.; Tronel, Y.; et al., 1993.; 3-D finite-element simulation of the cold forging of helical gears, Journal of Material Processing Technology 43.

Valberg H., 1992, Metal flow in the direct axisymmetric extrusion of aluminium, Journal of Material Processing Technology, Band 31, S. 39-55.

Valberg H., 2009, Applied Metal Forming, Cambridge University Press, ISBN 9780521518239.

Vetter G., Kozmiensky R., 2002, Druckschwingungen durch Drehkolbenpumpen mit gerad- und schrägverzahnten Rotoren, Fachberichte, Industriepumpen + Kompressoren Heft 2/2002 Mai, 2002.

Wang L., Cai J., Zhou J., Duszczyk J., 2009, Characteristics of the Friction Between Aluminium and Steel at Elevated Temperatures During Ball-on-Disc Tests Tribology Letters, Volume 36, Number 2, S.183-190.

Weckes, N., 1994, Ein Beitrag zur Optimierung geometrischer und thermodynamischer Kenngrößen von Schraubenladern. Dr.-Ing.-Dissertation, Universität Dortmund.

Yang D. Y., Altan T., 1986, Analytical and Experimental Investigation into Lubricated Three-Dimensional Extrusion of General Helical Sections, CIRP Annals - Manufacturing Technology, 35(1), S. 169-172.

Yang D. Y., Lange K., 1994, Investigation into Non-Steady-State Three-Dimensional Extrusion next term of a Trocoidal previous term Helical next term Gear by the Rigid-Plastic Finite Element Method, CIRP Annals - Manufacturing Technology, 43 (1), S. 229-233.

Yao C., Müller, K., 1996, Metal flow and temperatures developed during direct extrusion, of AA2024', Proceedings of the 6th Al. Extr. Tech. Sem. (ET 1996), Chicago, Vol. II, S.141–146.

Zienkiewicz O. C., Godbole P. N., 1974, Flow of plastic and viscoplastic solids with special reference to extrusion and forming processes, Int. journal for numerical methods in engineering, 8 (3-16).

Zienkiewicz O.C., Onate E., Heinrich J.C., 1981, A general formulation for coupled thermal flow of metals using finite elements. Int. J. of Numerical. Meth. Eng, 17, S. 1497-1514.

Anhang

A-1 Untersuchungsergebnisse der Innenhochdruckumformung

Tabelle A-1: Untersuchungsergebnisse der Innenhochdruckumformung vom Vergleichsprofil P2 mit den drei Verfahrensvarianten

Vergleichsprofil P2, Sollumfangsverhältnis = 1.77				
Steigungswinkel im Werkzeug in °/100 mm	Prozessvariante	Ausdünnung %age	Istkonturlänge nach Umformung in mm	Ist-Umfangsverhältnis
60°	IHU	19,2	141,1	1,24
	Aufweitstauchen	18,6	146,3	1,29
	Vorformen, IHU	17	189,7	1,67
90°	IHU	16,8	135,24	1,19
	Aufweitstauchen	18	138,8	1,22
	Vorformen, IHU	18,9	180,2	1,59
120°	IHU	17,3	135	1,19
	Aufweitstauchen	18,6	138,6	1,22
	Vorformen, IHU	18,9	169,2	1,49

Tabelle A-2: Untersuchungsergebnisse der Innenhochdruckumformung vom Vergleichsprofil P3 mit den drei Verfahrensvarianten

Vergleichsprofil P3, Sollumfangsverhältnis = 1.74				
Steigungswinkel im Werkzeug in °/100 mm	Prozessvariante	Ausdünnung %	Istumfang nach Umformung in mm	Ist-Umfangsverhältnis
60°	IHU	19,3	140,4	1,24
	Aufweitstauchen	20	139,5	1,23
	Vorformen, IHU	17	185,2	1,63
90°	IHU	17,4	136,6	1,2
	Aufweitstauchen	21,8	139,3	1,23
	Vorformen, IHU	18,9	180,4	1,59
120°	IHU	17,5	136,9	1,2
	Aufweitstauchen	18,5	133,9	1,18
	Vorformen, IHU	18,9	169,8	1,5

Tabelle A-3: Untersuchungsergebnisse der Innerhochdruckumformung vom Vergleichsprofil P4 mit den drei Verfahrensvarianten

Vergleichsprofil P4, Sollumfangsverhältnis = 1.66				
Steigungswinkel im Werkzeug in °/100 mm	Prozessvariante	Ausdünnung %age	istkonturlänge nach Umformung in mm	Ist-Umfangsverhältnis
60°	IHU	21,8	146,9	1,3
	Aufweitstauchen	22,9	146	1,29
	Vorformen, IHU	17	185,4	1,64
90°	IHU	22	146,7	1,3
	Aufweitstauchen	23,8	146,4	1,29
	Vorformen, IHU	18,9	181,5	1,6
120°	IHU	22	147	1,3
	Aufweitstauchen	21,2	139,8	1,23
	Preforming	18,9	182,7	1,61

A-2 Fließkurven für die FEM-Simulation

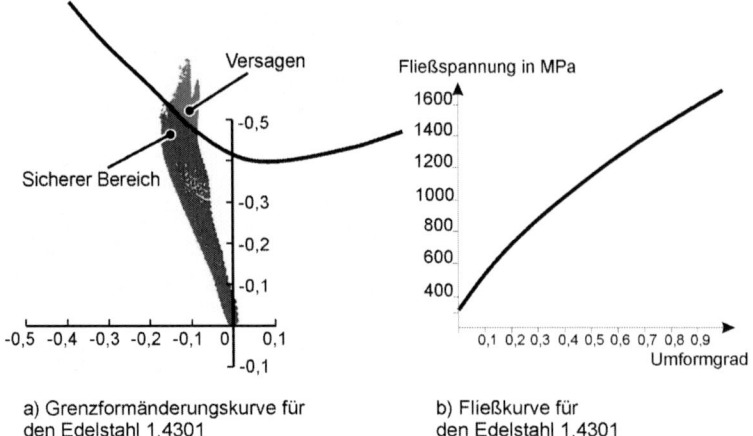

a) Grenzformänderungskurve für den Edelstahl 1.4301

b) Fließkurve für den Edelstahl 1.4301

Bild A-1: Eingesetzte Grenzformänderungskurve sowie Fließkurve des Werkstoffes 1.4301 für die Simulation des Innenhochdruckumformens (IUL Datenbank)

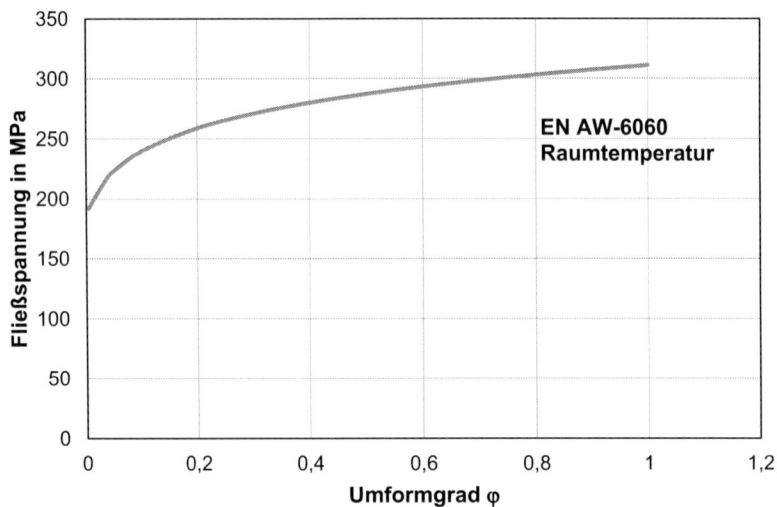

Bild A-2: Mittels Zugversuch ermittelte Fließkurve vom Werkstoff EN AW-6060 für die Simulation des Kaltverdrehens (IUL Datenbank)

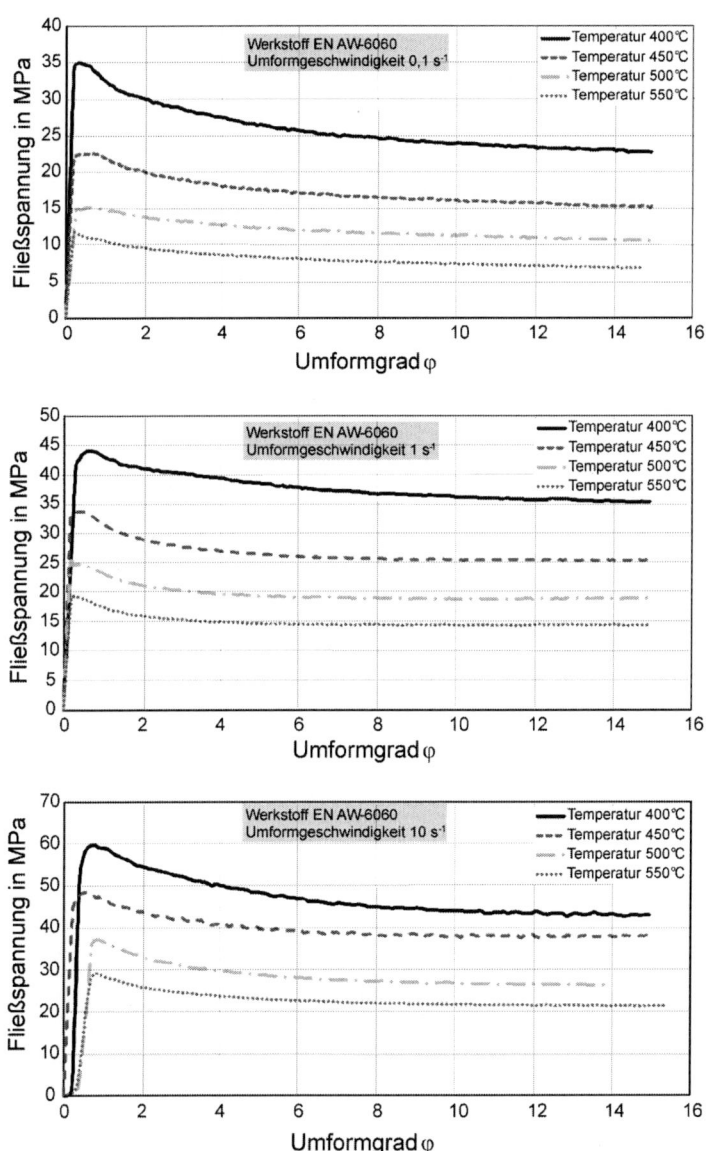

Bild A-3: Mittels Torsionsversuch ermittelte Warmfließkurven für den Werkstoff EN AW-6060 für die Strangpresssimulation (University of Bologna)

A-3 Analyse der Werkzeugbeschichtung mittels R-Faktor

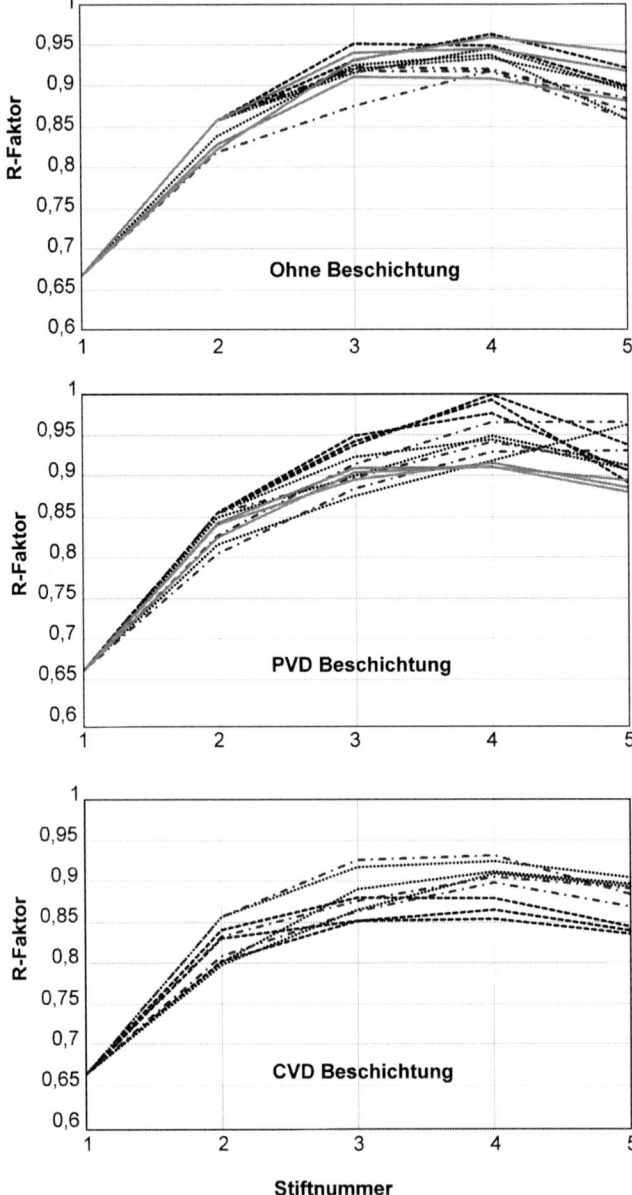

Bild A-1: Kurvenverläufe des R-Faktors für die verschiedenen Werkzeugbeschichtungen für den Profildurchmesser 4 mm

Aus der Dortmunder Umformtechnik sind im Shaker Verlag bisher erschienen:

A. Adelhof: Komponenten einer flexiblen Fertigung beim Profilrunden.
ISBN 3-86111-601-4

G. Reil: Prozeßregelung numerisch gesteuerter Umformmaschinen mit Fuzzy Logic.   ISBN 3-86111-862-9

F. Maevus: Rechnerintegrierte Blechteilefertigung am Beispiel des Gesenkbiegens.   ISBN 3-8265-0104-7

R. Warstat: Optimierung der Produktqualität und Steigerung der Flexibilität beim CNC-Schwenkbiegen.   ISBN 3-8265-1170-0

H. Sulaiman: Erweiterung der Einsetzbarkeit von Gesenkbiegepressen durch die Entwicklung von Sonderwerkzeugen.   ISBN 3-8265-1443-2

Ch. Smatloch: Entwicklung eines numerisch einstellbaren Werkzeugsystems für das Tief- und Streckziehen.   ISBN 3-8265-1465-3

T. Straßmann: Prozeßführung für das Walzrunden auf der Basis Neuronaler Netze.   ISBN 3-8265-1966-3

L. Keßler: Simulation der Umformung organisch beschichteter Feinbleche und Verbundwerkstoffe mit der FEM.   ISBN 3-8265-2256-7

E. Szücs: Einsatz der Prozeßsimulation bei der Entwicklung eines neuen Umformverfahrens - der Hochdruckblechumformung.   ISBN 3-8265-3119-1

S. Chatti: Optimierung der Fertigungsgenauigkeit beim Profilbiegen.
ISBN 3-8265-3534-0

F. Haase: Eigenspannungen an dünnwandigen Bauteilen und Schichtverbunden.   ISBN 3-8265-4312-2

N. Austerhoff: Integrierte Produkt- und Prozeßgestaltung für die Herstellung von Blechbiegteilen.   ISBN 3-8265-6613-0

D. Arendes: Direkte Fertigung gerundeter Aluminiumprofile beim Strangpressen.   ISBN 3-8265-6442-1

R. Kolleck: Finite-Element-Simulation wirkmedienbasierter Blechumformverfahren als Teil einer virtuellen Fertigung.   ISBN 3-8265-6566-5

T. Weidner: Untersuchungen zu Verfahren und Werkzeugsystemen der wirkmedienbasierten Blechumformung.   ISBN 3-8265-6602-5

W. Homberg: Untersuchungen zur Hochdruckblechumformung und deren Verfahrenskomponenten.   ISBN 3-8265-8684-0

M. Rohleder: Simulation rückfederungsbedingter Formabweichungen im Produktentstehungsprozess von Blechformteilen. ISBN 3-8265-9977-2

V. Hellinger: Untersuchungen zur Methodik der Berechnung und Herstellung von leichten Stützkernverbunden. ISBN 3-8322-0104-1

A. Klaus: Verbesserung der Fertigungsgenauigkeit und der Prozesssicherheit des Rundens beim Strangpressen. ISBN 3-8322-0208-0

B. Heller: Halbanalytische Prozess-Simulation des Freibiegens von Fein- und Grobblechen. ISBN 3-8322-0923-9

A. Wellendorf: Untersuchungen zum konventionellen und wirkmedienbasierten Umformen von komplexen Feinstblechbauteilen. ISBN 3-8322-2435-1

C. Klimmek: Statistisch unterstützte Methodenplanung für die Hochdruck-Blechumformung. ISBN 3-8322-2994-9

R. Krux: Herstellung eigenschaftsoptimierter Bauteile mit der Hochdruck-Blechumformung und Analyse der induzierten Eigenspannungen. ISBN 3-8322-3551-5

S. Jadhav: Basic Investigations of the Incremental Sheet Metal Forming Process on a CNC Milling Machine. ISBN 3-8322-3732-1

C. Beerwald: Grundlagen der Prozessauslegung und -gestaltung bei der elektromagnetischen Umformung. ISBN 3-8322-4421-2

A. Brosius: Verfahren zur Ermittlung dehnratenabhängiger Fließkurven mittels elektromagnetischer Rohrumformung und iterativer Finite-Element-Analysen. ISBN 3-8322-4835-8

R. Ewers: Prozessauslegung und Optimierung des CNC-gesteuerten Formdrückens. ISBN 3-8322-5177-4

T. Langhammer: Untersuchungen zu neuen Konzepten für PKW-Kraftstoffbehälter. ISBN 3-8322-5300-9

M. Schikorra: Modellierung und simulationsgestützte Analyse des Verbundstrangpressens. ISBN 3-8322-5506-0

M. Schomäcker: Verbundstrangpressen von Aluminiumprofilen mit endlosen metallischen Verstärkungselementen. ISBN 978-3-8322-6039-2

N. Ridane: FEM-gestützte Prozessregelung des Freibiegens. ISBN 978-3-8322-7253-1

R. Shankar: Surface Reconstruction and Tool Path Strategies for Incremental Sheet Metal Forming. ISBN 978-3-8322-7314-9

U. Dirksen: Testumgebung für Prozessregelungen zum Drei-Rollen-Profilbiegen mit virtuellem und realem Biegeprozess.
ISBN 978-3-8322-7673-7

D. Risch: Energietransfer und Analyse der Einflussparameter der formgebundenen elektromagnetischen Blechumformung.
ISBN 978-3-8322-8360-5

M. Marré: Grundlagen der Prozessgestaltung für das Fügen durch Weiten mit Innenhochdruck. ISBN 978-3-8322-8361-2

D. Becker: Strangpressen 3D-gekrümmter Leichtmetallprofile.
ISBN 978-3-8322-8488-6

V. Psyk: Prozesskette Krümmen - Elektromagnetisch Komprimieren - Innenhochdruckumformen für Rohre und profilförmige Bauteile.
ISBN 978-3-8322-9026-9

M. Trompeter: Hochdruckblechumformung großflächiger Blechformteile.
ISBN 978-3-8322-9080-1

H. Karbasian: Formgenauigkeit und mechanische Eigenschaften pressgehärteter Bauteile. ISBN 978-3-8322-9250-8

M. J. Gösling: Metamodell unterstützte Simulation und Kompensation von Rückfederungen in der Blechumformung. ISBN 978-3-8322-9355-0

H. Pham: Process Design for the Forming of Organically Coated Sheet Metal.
ISBN 978-3-8440-0309-3

B. Rauscher: Formschlüssig verbundene Metall-Kunststoff-Hybridbauteile durch Integration von Blechumformung und Spritzgießen.
ISBN 978-3-8440-0655-1

T. Cwiekala: Entwicklung einer Simulationsmethode zur zeiteffizienten Berechnung von Tiefziehprozessen.
ISBN 978-3-8440-0701-5

M. Hermes: Neue Verfahren zum rollenbasierten 3D-Biegen von Profilen.
ISBN 978-3-8440-0793-0